KB187374

극지과학자가 들려주는

결빙방지단백질 이야기

그림으로 보는 극지과학 시리즈는 극지과학의 대중화를 위하여 극지연구소에서 기획하였습니다. 극지연구소Korea Polar Research Institute, KOPRI는 우리나라 유일의 극지 연구 전문기관으로, 극지의 기후와 해양, 지질 환경을 연구하고, 극지의 생태계와 생물자원을 조사하고 있습니다. 또한 남극의 '세종과학기지'와 '장보고과학기지', 북극의 '다산과학기지', 쇄빙연구선 '아라온'을 운영하고 있으며, 극지 관련 국제기구에서 우리나라를 대표하여 활동하고 있습니다.

일러두기

- ℃는 본문에서는 '섭씨 도' 혹은 '도'로 나타냈다. 이 책에서 화씨 온도는 사용하지 않고 섭씨 온도만 사용했다. 절대온도는 사용하지 않았다. 위도와 경도를 나타내거나, 각도를 나타내는 단위도 '도'를 사용했지만, 온도와 함께 나올 때는 온도를 나타내는 부분에 섭씨를 붙여 구분하였다.
- 책과 잡지는《 》, 글은〈 〉로 구분했다.
- 인명과 지명은 외래어 표기법을 따랐다. 하지만 일반적으로 쓰이는 경우에는 원어 대신 많이 사용하는 언어로 표기했다.
- 용어는 책의 내용과 직접 관련이 있는 경우에는 본문에서 설명하였고, 주제와 관련이 적거나 추가 설명이 필요한 용어는 책 뒷부분에 따로 실었다. 책 뒷부분에 설명이 있는 용어는 본문에 처음 나올 때 ●으로 표시하였다.
- 참고문헌은 책 뒷부분에 밝혔고, 본문에는 작은 숫자로 그 위치를 표시했다.
- 그림 출처는 책 뒷부분에 밝혔고, 본문에는 그림 설명에 간략하게 표시했다.
- 용어의 영어 표현은 찾아보기에서 확인할 수 있다.

그림으로 보는 극지과학 2

극지과학자가 들려주는

결빙방지단백질 이야기

김학준, 강성호 지음

차례

4장 얼음이 생기지 않게 하는 결빙방지단백질

들어가는 글

저녁을 먹고나면 디저트로 가장 많이 그리고 가장 먼저 떠오르는 것이 아이스크림이다. 달콤하고 부드러운 아이스크림을 먹으며 즐거운 저녁 시간을 보내는 것은 생각만으로도 행복하다. 그런데 떠먹는 아이스크림을 냉장고에 보관해두었다가 나중에 먹으려고 하면 부드럽던 아이스크림에서 무언가 딱딱한 것이 씹히는 경험을 한 적이 꽤 있을 것이다. 무엇 때문일까? 분명 다른 물질은 들어가지 않았으니 아이스크림 안에 있던 무언가가 변한 것이다. 바로 얼음이다.

냉장고에 넣어둔 아이스크림은 겉으로는 꽁꽁 얼어 변화가 없을 것 같지만 작은 온도 변화에도 신기한 일들이 아이스크림 안에서 일어난다. 아이스크림에 들어있던 눈에 보이지 않을 정도로 작은 얼음 알갱이들이 하나둘씩 모여 씹히는 게 느껴질 정도로 커다란 얼음으로 변하는 것이다. 이 과정을 얼음의 재결정화라 한다. 말 그대로 얼음 결정들이 다른 형태, 여기서는 커다란 얼음으로 바뀌는 것이다.

그렇다면 아이스크림에 얼음이 생기는 걸 막아주는 방법은 없을까? 얼음 자체가 생기지 않게 하는 방법은 여러 가지가 있다. 글리세롤이나 디메틸술폭사이드, 프로필렌글리콜 같은 물질을 넣어주는 것도 한 가지 방법이다. 하지만 이런 화학물질은 제품의 질을 떨어뜨리거나 몸에 해로울 수 있어 사용이 제한적이다.

그럼 몸에 해롭지도 않고 제품의 질을 떨어뜨리지도 않는 방법은 없을까? 있다. 바로 결빙방지단백질이라고 하는 물질을 사용하는 것이다. 이 단백질은 추운 곳에서 살아가는 생물들이 몸 속의 혈액 또는 체액이 얼지 않도록 분비하는 단백질이다. 말 그대로 얼음이 만들어지는 것을 방해하는 단백질이다. 이런 결빙방지단백질이 첨가된 아이스크림은 개봉 후 냉동실에 보관해두어도 얼음이 생기지 않아, 부드럽고 매끄러운 질감을 유지할 수 있다. 그러니 당연 인기가 있다. 유니레버라는 다국적 식품 회사는 이런 단백질 중 하나를 북극 등가시치에서 분리했고, 유전공학 기술을 이용, 대량생산해 브리이이스 아이스크림에 첨가하고 있나(그림 0-1). 하지만 아직 유럽 등 유전자변형물질에 거부감이 강한 나라에서는 판매되지 않고 있다.

아이스크림에 결빙방지단백질을 넣을 때 얻을 수 있는 또 다른 장점은 바로 지방의 양을 줄일 수 있다는 점이다. 아이스크림에 지

그림 0-1

다국적 식품 회사인 유니레버는 자사의 브라이어스 아이스크림에 북극 등가시치의 결빙방지 단백질을 첨가했다. 이 단백질을 첨가하면 지방을 반으로 줄인 다이어트용 아이스크림을 만들 수 있을 뿐 아니라, 보관시 생기게 되는 얼음 결정의 성장을 막아 소프트 아이스크림의 부드러움을 오래 유지할 수 있다. 유니레버는 이 단백질을 얼음구조화단백질이라 부르자고 제안했다.

북극 등가시치는 러시아 사할린 인근과 베링 해 부근의 북태평양에 서식하는 저서성 물고기다. 눈은 작고 등쪽에 치우쳐 있다. 입은 배쪽에 있으며, 양 턱에는 날카로운 이빨이 있다. 가슴지느러미는 비교적 크며, 몸은 작고 둥근 비늘로 덮여 있는데, 머리의 앞쪽 부위와 배 일부에는 비늘이 없다. 최대 53cm까지 성장한다. 혈액 내에 결빙방지단백질이 있어 추운 북극해에서 생존할 수 있다.
우리나라에서 즐겨 먹는 대구탕에 들어 가는 대구 혈액의 단백질은 인체에 무해한 것으로 밝혀졌으나, 등가시치의 혈액 내 결빙방지단백질에 대한 인체 안전성 테스트는 아직 실시된 바 없다.

방이 많이 들어가면 질감이 부드러워 혀에 닿는 감촉이 좋다. 하지만 지방 함량이 높으면 다이어트를 고민하는 사람들에게는 멀리해야 할 음식이 될 수 밖에 없다. 그래서 지방 함량을 일정 수준으로 낮추면 되는데, 그렇게 되면 어는점이 높아져 얼음 알갱이가 많이 생기게 된다. 이런 이유로 지방 함량을 줄이기가 쉽지 않다. 그런데 결빙방지단백질을 첨가하면 지방 함량을 낮춰도 얼음이 생기는 걸

남극과 북극의 혹한에서 살아가는 호냉성 생물 중 많은 수가 얼음으로 뒤덮인 환경에 적응하기 위해 결빙방지단백질을 갖고 있다. 참 놀라운 자연의 섭리다.

막을 수 있다. 즉 오래 보관해도 얼음이 생기지 않으면서, 지방이 적게 들어간 아이스크림을 만들 수 있는 것이다.

단백질이 얼음을 자라지 못하게 하는 능력을 가지고 있다니 정말 신기하다. 남극과 북극의 혹한에서 살아가는 호냉성 생물 중 많은 수가 얼음으로 뒤덮인 환경에 적응하기 위해 이런 결빙방지단백질을 갖고 있다. 참 놀라운 자연의 섭리다.

최근 저온생물학자들은 극지 미생물에서 뽑아낸 결빙방지단백질의 유전자를 이용하여 이들 단백질을 대량으로 생산하는 방법을 연구하고 있다. 결빙방지단백질을 인체 장기, 성체 또는 배아 줄기세포, 제대혈과 혈액, 골수 같은 세포와 조직을 냉동보존하는데 활용할 셈이다. 결빙방지단백질은 생명공학뿐만 아니라 농업에도 활용할 수 있다. 감자 같은 작물에 결빙방지단백질 유전자를 끼워 넣어 냉해에 견딜 수 있는 감자를 만들어 낸다면 생산량도 늘어나고, 보다 추운 곳으로 농경지를 확대할 수도 있을 것이다.

앞으로 우리는 극지생물이 만들어내는 결빙방지단백질을 알아볼 것이다. 이 단백질을 이해하기 위해서는 극지 생물의 서식처, 물, 얼음, 단백질의 기능에 대한 지식도 일부 필요하다.

WoW
Sleep
Z
zZ

1장

추운 곳에서만 살 수 있는 생물들

눈과 얼음으로 뒤덮인 북극과 남극은 온통 흰색입니다. 그곳에는 오직 공기 중에 눈을 날리는 바람 소리뿐인 듯 합니다. 하지만 이곳에도 수많은 생명이 살고 있습니다. 북극곰과 펭귄, 물개가 언뜻 떠오르지만, 우리 눈에 보이지 않는 수많은 미생물들까지 합하면 그 수는 실로 어마어마합니다. 한 조사에 따르면 얼음 1밀리리터에 많게는 10만 마리의 박테리아가 산다고 하니까요.

우리라면 며칠도 못 살 것 같은 이곳에서 이들은 어떻게 살아가는 걸까요? 도대체 이들은 따뜻한 우리나라에 사는 생물과는 뭐가 다를까요? 날이 추워지는 겨울이면 우리가 아는 동물들도 겨울잠을 잡니다. 날이 추워 대사활동이 안 되니 몸의 활동을 최소한으로 하는 것이죠. 그 중에서도 몸 안의 물이 얼지 않도록 땅속이나 물 속에 들어가 잠을 잡니다. 개구리가 그렇습니다. 몸 안의 물이 얼면 큰일이니까요. 바로 이 책은 추위에 몸 안의 물이 얼지 않도록 하는 생물들에 관한 이야기입니다.

북극곰 두 마리가 마주 보며 얘기하고 있다.

추운데 잠 안 자고 뭐하냐?

저쪽 빙하에 검은 점들 보이지,
그거 세고 있어.

그게 뭔데?

얼마 전에 누가 왔다가
저 안에 세균 10만 마리가 산다고 말했는데,
아무리 봐도 나는 9만9천마리 같거든.

그러다 너 몸 얼어붙는다.

난 괜찮아 결빙방지단백질 있는
물고기 잡아먹었거든.

진짜? 그거 먹으면 얼지 않아?

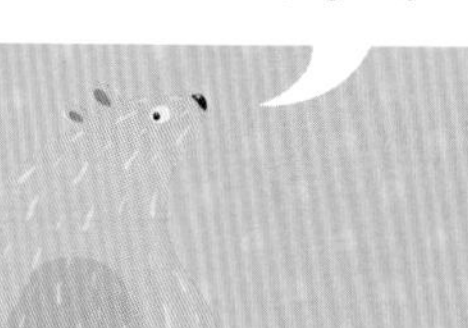

궁금하지?
그럼, 이 책 끝까지 읽어 봐!

1 얼음 왕국에는 수많은 생명이 살고있다

지구상에서 생물의 75퍼센트가 섭씨 5도 이하의 추운 지역에 산다고 하면 놀랄 지도 모르겠다. 생물은 최적 성장을 보이는 온도에 따라 초고온성, 고온성, 중온성, 저온성 생물(혹은 호냉성 생물)로 분류할 수 있다(그림 1-1). 최적 성장온도가 섭씨 15도 내외인 호냉성 생물은 섭씨 0도 이하에서도 살아남는 반면, 온도가 20도 이상으로 올라가면 죽어버린다.

극지와 같은 혹독한 환경에서 살아가는 생물들이 전부 호냉성 생물은 아니다. 펭귄, 북극곰, 북극여우와 같이 우리에게 익숙한 동물은 극지가 최적의 성장 환경은 아니다. 다만 그 환경에 적응해 살아갈 뿐이다. 그래서 호냉성 생물이라고 하면 주로 박테리아, 효모, 미세조류, 곤충 등을 말한다.

극지와 같은 추운 환경에 사는 생물이 많다고 했는데, 그런 생물은 얼마나 될까? 미국 몬태나 대학의 존 프리스쿠 박사 팀이 추정

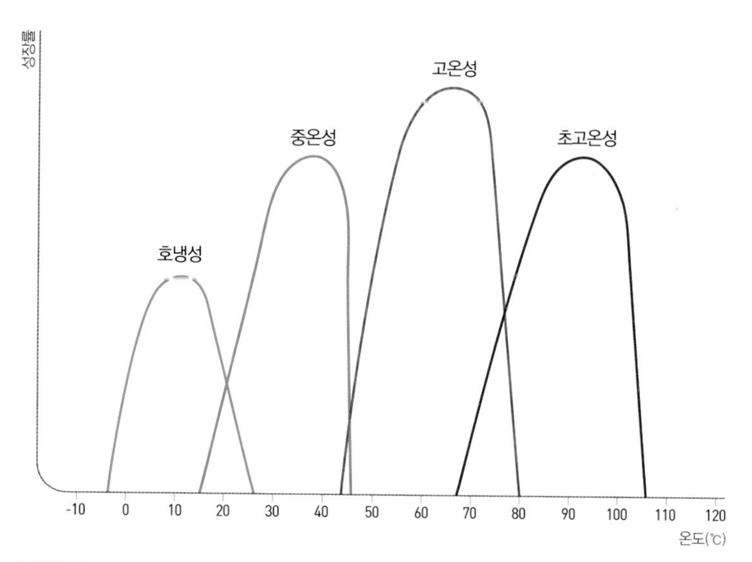

그림 1-1

온도별 생물의 성장률이다. 미생물과 고세균은 생존가능 온도 범위가 동물에 비해 훨씬 넓다. 80~120℃의 심해 열수분출공에 서식하는 초고온성 생물, 평균 수온이 55℃인 미국 요세미티 국립공원 온천수에 사는 호열성 세균, 15℃ 이하의 온도에서 잘 자라는 호냉성 세균이 있다. 위 그림에서 성장률이 가장 큰 곳이 각 생물의 최적 성장 온도다. 호냉성 생물은 저온에서 최적의 성장을 보이지만 성장률은 다른 극한 생물에 비해 낮다.

한 바에 따르면 남극과 그린란드 빙하에 갇혀 있거나 존재하는 박테리아의 수가 무려 9.61×10^{25} 마리라고 한다[1]. 이 연구팀이 조사한 바에 따르면 빙하나 빙붕 1밀리리터에 약 1만에서 10만 마리의 박테리아가 존재한다고 한다. 인류가 현재 70억 명이면 7×10^{9} 이니 박테리아를 포함한 극지 생물의 수가 얼마나 많은지 짐작할 수 있을 것이다. 그리고 최근에는 8백만 년 전의 것으로 추정되는 얼음 속에 갇혀 있던 박테리아까지 발견되고 있다[2].

보통 생물이 섭씨 15도 내외에서 살아가는 데, 도대체 차가운 곳에서 살아가는 미생물들, 특히 호냉성 생물들은 얼마나 낮은 온도에서 생존하고 번식할 수 있는지 먼저 알아보자.

현재까지 연구된 바에 따르면 히말라야 산맥에 서식하는 어떤 곤충은 섭씨 -16도에서도 대사활동을 보인다고 알려져 있다[3]. 미생물이 성장하고 번식하는 가장 낮은 온도는 섭씨 -12도로 측정되었다. 그리고 빙하에 존재하는 미생물을 현미경으로 관찰한 결과, 섭씨 -39도에서도 미생물이 활동한다는 보고가 최근에 있었다(그림 1-2). 하지만 저온에서 수행한 실험이 실제 환경을 그대로 대변하는 것이 아닐 뿐더러 저온에서 일어나는 반응 자체가 워낙 느리게 일어나기 때문에 측정값의 신뢰도에 문제를 제기하는 경우가 많아, 섭씨 0도 이하에서 미생물의 대사, 성장 등에 관한 논쟁은 계속 되고 있다.

그리고 이렇게 극저온에서 생명활동이 있을 수 있다면 남극대륙과 유사한 환경인 화성이나 목성의 위성 유로파에도 저온 생명체가 존재할 가능성이 높다고 할 수 있다. 2008년 화성 탐사선 피닉스가 화성에서 물의 흔적을 발견했을 때 전세계는 기대감에 부풀기도 했다. 비로 외계 생명체가 존재할 지도 모르기 때문이다. 극지 저온 생물 연구는 이처럼 우주 생물학과도 맞닿아 있다.

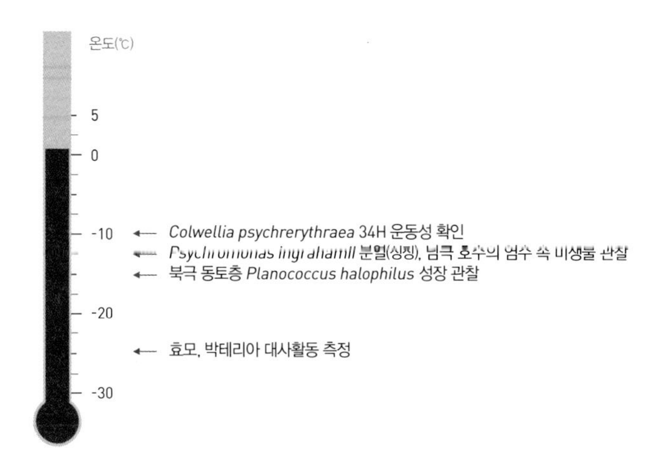

그림 1-2

대표적인 호냉성 미생물 균주인 *Colwellia psychrerythraea* 34H는 −10℃에서도 운동성이 있는 것이 관찰되었다. *Psycrhomonas ingrahai*는 −12℃에서도 잘 자라는 것이 관찰되었다. 북극 동토층의 미생물인 *Planococcus halocryophilus*은 −15℃에서 성장하며 −25℃에서도 물질대사가 일어난다고 보고되었다.

2 추위를 견디는 것은 얼음과의 싸움

추운 환경은 극지에만 있는 것이 아니다. 우리 주위에도 봄, 여름, 가을은 그래도 날이 따뜻하지만, 겨울이면 온도가 크게 낮아지니 말이다. 그래서 온도가 낮아지는 겨울철이면 색다른 생존 방법을 작동시키는 생물들이 있다. 언뜻 떠오르는 것이 개구리다. 개구리는 변온동물이어서 겨울철이 되면 체온이 주위 환경과 같은 수준으로 떨어져 대사활동이 느려지기 때문에, 이렇게 추운 환경에서 버티기 위해 겨울잠을 잔다. 추위를 견뎌내기 위해 그들이 선택한 삶의 방식이다.

그렇다면 그건 어떻게 가능한 걸까? 물이 꽁꽁 얼어붙는 혹한의 날씨를 피해 어떤 개구리는 땅 밑에서, 또 어떤 종류의 개구리는 물이 얼지 않는 강이나 개울의 아래쪽에서 대사활동을 굉장히 느리게 하거나 최소화하여 겨울을 난다. 어떤 종류의 개구리는 몸 속의 빈 공간이나 피부 아래에 얼음이 언 채로 겨울을 나기도 한다. 온도가 떨어지면 대사활동을 통해 체내에 섭취한 녹말을 분해해 당을 만들어내기도 한다. 체액에 과량의 당이 존재하면 쉽게 얼지 않는 점을 이용한 것이다. 그렇게 되면 세포 안에는 당이 가득 들어있게 되므로 쉽게 얼지 않게 된다. 따라서 중요한 세포나 주요 장기는 얼지 않은 채 겨울을 날 수 있다.

그럼 이들이 이렇게 하는 이유는 뭘까? 바로 겨울이면 온도가 낮아져 물이 얼기 때문이다. 몸 안의 물이 얼지 않도록, 혹은 몸 안의 물이 얼더라도 생명에 지장이 없도록 조절하는 메커니즘을 만들어내도록 진화한 것이다. 물은 우리 몸무게의 70퍼센트를 차지한다. 다른 동물이나 식물도 체내에 많은 물을 갖고 있다. 왜 이렇게 생명체에게는 물이 중요한 걸까? 다음 장에서는 물에 대해 알아보자.

모든 생명체는 몸 안에 체중의 절반 이상이나 되는 물을 갖고 있다. 날이 추워지면 이 물도 얼기 시작한다. 몸 안의 물이 얼면 우리는 생명 활동을 이어갈 수 없다. 그래서 모든 생명은 추위로부터 몸 안의 물이 얼지 않도록 지켜내는 다양한 삶의 방식을 갖고 있다.

2장

생명에 꼭 필요한 물, 물은 왜 그렇게 중요할까

우리가 늘상 보는 물은 뻔한 것 같아도, 실은 아주 독특합니다. 다른 물질과 달리 고체보다 액체가 더 무겁거든요. 그래서 얼음이 물 위에 둥둥 뜨지요. 우리는 늘 보는 것이라 별것 아닌 것 같아도 지구상 대부분의 물질은 고체가 액체보다 무겁습니다. 고체의 밀도가 액체의 밀도보다 큰 것이죠. 물이 우리 주위에 너무 흔해 익숙해서 다른 물질도 그럴 거라 생각할 수 있지만, 실제는 전혀 그렇지 않은 것이죠. 물은 밀도만 독특한 게 아닙니다. 사실 물은 생명 탄생의 비밀도 간직하고 있습니다. 물이 우리 몸의 70퍼센트를 차지하고 있는 이유이기도 하구요.

돋보기 든 북극곰과 펭귄 두 마리가 함께 얘기하고 있다.

풍선이 공중에 떠 있네.

응, 풍선에 공기보다 가벼운 기체를 넣었거든, 그래서 뜨는 거야.

물 위에 얼음이 뜨는 거랑 같은 거네.

그런데 너는 그거 들고 뭐해?

응, 물에 소금이 얼마나 녹아있나 보는 거야. 물에 뭐가 많이 녹아있을수록 어는 온도가 낮아지거든.

그래?
그럼, 나도 소금 많이 먹으면 몸이 안 얼까?

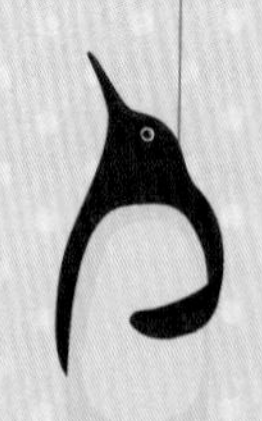

1 물은 얼음보다 무겁다

물은 세 개의 얼굴을 갖고 있다. 온도와 압력에 따라 기체, 액체, 고체 상태로 모습을 바꾼다. 이중 액체인 물은 생명에 필수적이다. 우리 몸 속에서 일어나는 많은 대사활동이 액체 상태의 물이 있어야 가능하다. 바로 용매로 작용하는 것이다. 세포를 이루는 많은 성분들은 물에 녹아있다. 이를 테면 단백질, DNA, 당 등의 유기물이다. 또한 호흡과 관련된 기체들도 물에 녹여 사용한다. 기체는 그냥 기체로 우리 몸 속으로 운반될 수도 있을 텐데 왜 물에 녹이는 걸까? 우선 기체의 부피를 줄일 수 있다. 또 몸 구석구석까지 전달하기 위해서는 이렇게 액체에 녹아있는 형태가 훨씬 효율적이다. 기체는 밀도가 너무 낮아 효율이 떨어지기 때문이다. 고체 상태의 분자들도 물에 녹아 있지 않다면 우리 몸의 각종 세포로 보낼 수 있을까? 당연히 운송 중에 막힐 것이다. 효율적 운송을 위해서도 물질을 액체에 녹여야 한다. 또 단백질, DNA, 당, 지질과 같은 구성

성분들이 물과 작용함으로써 구조와 기능이 결정되기도 한다. 그 밖에 혈액의 pH조절, 호르몬 전달 등이 다 물이라는 용매를 기반으로 이루어지는 일들이다. 물은 또한 화학반응에 직접 참여하여 녹말과 같은 커다란 분자를 포도당과 같은 작은 분자로 깨뜨리기도 한다. 이렇듯 모든 생명체는 수용액 환경에 맞게끔 최적화된 세포와 생체물질들로 이루어져 있다.

우리가 늘 보는 물은 아주 단순해 보이지만 실은 상당히 독특하다. 다른 용매에 비해 별난 특성을 갖고 있다. 먼저 밀도에 대해 알아보자. 단위 부피당 질량을 밀도라고 한다. 일반적으로 모든 물질은 온도가 내려갈수록 밀도가 증가한다. 온도가 떨어지면 분자들의 움직임이 느려지고 한정된 공간에 더 많은 분자가 존재하게 되어 밀도가 증가한다. 보통 액체 상태일 때 보다 고체 상태일 때 단위 부피당 존재하는 분자의 수가 더 많다. 하지만 물은 고체인 얼음이 액체인 물보다 오히려 밀도가 작다. 즉 물 위에 얼음을 놓으면 둥둥 뜨게 된다. 물보다 얼음이 단위 부피당 질량이 작아 더 가볍기 때문이다.

대부분의 물질은 액체 상태에서 온도가 낮아지면 밀도가 점점 증가하다가 어느점에서 고체로 변하며 밀도가 급격하게 커진다. 그런데 물은 다른 물질과 여기서도 확연히 다르다. 물의 온도를 낮추면 밀도가 증가하는데, 섭씨 4도가 되면 밀도는 더 이상 커지지 않는다(그림 2-1). 그리고 온도를 섭씨 4도 이하로 낮추면 오히려 밀도가 작아지기 시작한다. 즉 섭씨 4도에서 0도를 거쳐 그 이하의 온도 영역에서는 밀도가 감소하는 것이다. 다른 물질과 비교해보면

다른 물질과 달리 물은 고체인 얼음이 액체보다 가볍다. 그래서 얼음이 물 위에 뜬다. 액체인 물의 밀도는 고체가 되는 어는점이 아니라 섭씨 4도에서 가장 크다. 그래서 한겨울이면 강 위에는 얼음이 얼어도, 강 아래에는 얼지 않은 물 속에 물고기가 살 수 있다.

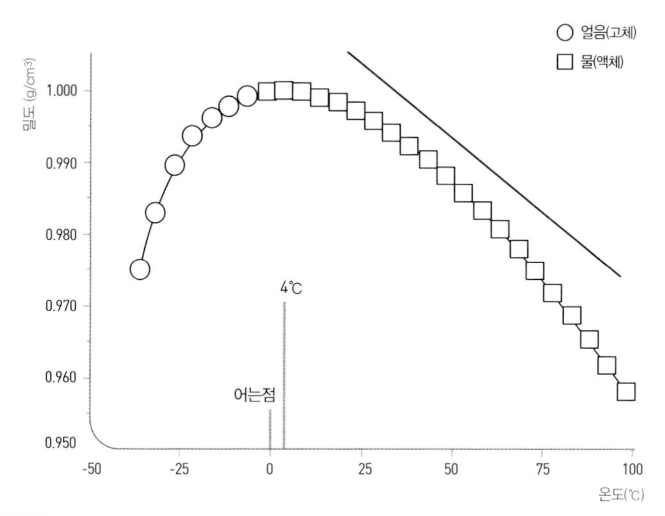

그림 2-1

물은 다른 '정상적인' 액체(빨간색 선)와 마찬가지로 온도가 낮아질수록 밀도가 커진다. 하지만 물은 4℃에서 최대 밀도를 보이다 온도가 그 이하로 낮아지면 밀도가 더이상 커지지 않고 작아지기 시작한다. 이는 물의 특별한 성질로 수소결합과 관련이 있다.

물의 특이한 성질을 바로 확인할 수 있다. 이것은 다른 물질들의 상변화에 따른 밀도 변화 경향과는 확연히 다른 것이다.

이런 물의 독특한 성질 때문에 강이나 바다의 물이 표면에서부터 얼고, 얼음은 물 위에 뜨게 된다. 이 과정을 그림 2-2를 보면서 천천히 살펴보자. 기온이 내려가면 강이나 바다의 표면에 존재하는 표층수는 차가운 공기와 접해 열을 잃고 온도가 내려간다. 그러다 섭씨 4도가 되면 물은 가장 무거워져 강이나 바다의 심층부로 가라앉는다. 이렇게 물이 온도와 밀도에 따라 수층을 형성해 심층수의 온도가 섭씨 4도가 되면, 표층수의 온도가 섭씨 4도 이하가 되더라도, 이제는 밀도가 심층수가 더 크기 때문에 표층수가 아래로 내려오지 않는다. 그런 상태에서 기온이 계속 낮아지면 표층수는 더 많은 열을 잃고 결국 얼게 된다. 그리고 이렇게 만들어진 얼음은 액체인 물보다 밀도가 작아서 물 위에 뜨게 된다. 호수의 경우 얼음이 계속 자라 거의 호수 바닥까지 닿을 듯하더라도 얼음이 심층부의 물에 압력을 가하게 되므로 수온은 또한 약간 상승하게 될 것이다. 즉 얼음이 얼더라도 심층부 쪽에는 생물이 살아갈 수 있는 액체 상태의 물이 존재하게 되는 것이다.

만약 물이 일반적인 다른 물질처럼 행동한다면 어떻게 될까? 즉

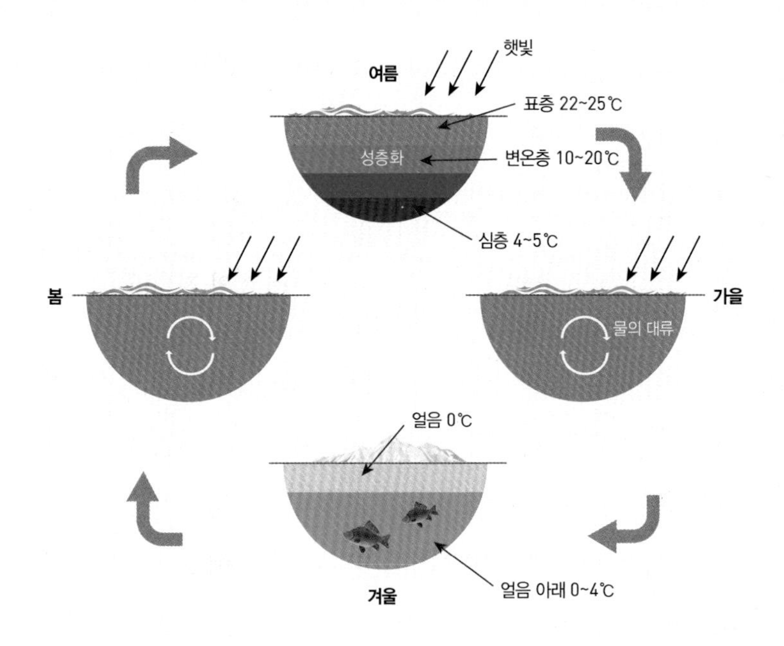

그림 2-2

봄에는 강이나 바다 표면의 얼음이 녹으면서 저층과 상층 물의 온도가 비슷해진다. 여름이 되면 표층수의 온도가 올라가 물의 밀도가 낮아져 아래로 내려오지 않고 표층의 물끼리 순환한다. 아래쪽에 있는 무거운 물과 섞이지 않는 것이다. 이렇게 물의 층이 형성되는 것을 성층현상이라 한다. 가을에 온도가 내려가면 다시 표층과 심층 물의 온도가 비슷해진다. 하지만 겨울이 되면 물의 온도가 떨어지고 무거워진 물이 저층으로 내려간다. 가장 무거운 4℃ 물은 위로 올라오지 않고 심층에 그대로 층을 이룬다. 기온이 0도 이하로 내려가면 표층수는 얼게 된다.
여기서 한가지 짚고 넘어가야 할 점이 있다. 겨울철에 물의 온도가 0℃ 이하로 내려갔는데도 물이 얼지 않고 있을 경우, 담수와 해수는 분명 다른 이유로 얼지 않는다는 점이다. 담수의 경우 저층의 물이 얼지 않고 있다는 말은 물의 온도가 4℃라는 것이다. 따라서 물고기들이 4℃ 에서 살기 때문에 결빙방지단백질이 필요 없다. 하지만 바다의 경우는 물이 4℃가 아니고 분명 −1.9℃지만 얼지 않는 것이다. 즉 용질이 물에 많이 녹아 있어 물의 어는점이 낮아져 얼지 않는 것이다. 바로 용액이 총괄성 때문이다. 그래서 바다 물고기에는 혈액을 얼지 않게 하기 위해 분명 무언가가 필요하고, 그것이 바로 결빙방지단백질이다.

다른 물질처럼 고체인 얼음의 밀도가 액체인 물의 밀도보다 크다면 어떻게 될까? 그렇다면 표층의 물이 얼면 물보다 무거워 뜨지 않고 바닥으로 가라앉을 것이다. 거기에서부터 다시 물 분자들이 얼음에 결합해서 얼음이 아래에서 위로 성장할 것이다. 수온이 얼음이 성장할 만큼 충분히 낮다면 결국에는 물 전체가 다 얼어버려 결국 생명체들은 얼어 죽게 될 것이다. 바다의 경우, 얼음 때문에 해수면이 상승하여 육상 서식처가 줄어들게 될것이다.

겨울철 강, 호수, 바다에 형성된 얼음들은 수서생물을 보호하는 역할도 훌륭하게 해 낸다. 얼음은 외부의 차가운 바람이나 낮은 기온을 막아주는 단열효과가 있기 때문에 수서생물을 저온으로부터 보호할 수 있다. 단순한 물의 밀도 하나로도 많은 생명체가 빙하기를 거쳐 지구상에서 현재까지 살아남을 수 있었던 현상을 설명할 수 있다.

물의 밀도와 관련 있는 또 다른 현상은 해류 순환이다(그림 2-3). 추운 북대서양에서 차가워진 바닷물은 무겁기 때문에 심층으로 가라앉고 이 심층수는 대서양을 거쳐 적도를 지나 남반구까지 내려온다. 남극 대륙 부근 해역에 도달하면 심층수는 다시 상승한다. 이런 심층수 순환의 시작은 물의 밀도가 높아져 가라앉는 데서 시작한다.

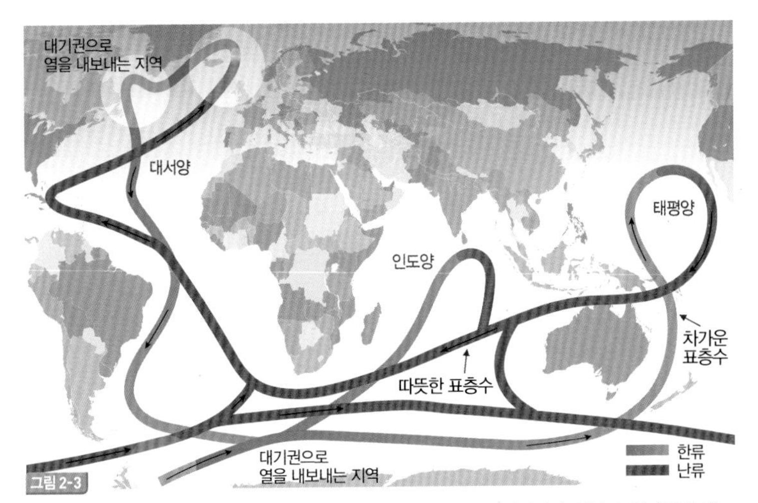

그림 2-3

해수의 심층 순환은 물의 밀도와 관련 있다. 해수의 온도가 내려가거나 염분이 증가하면 해수의 밀도가 증가한다. 밀도가 높은 물은 가라앉고 밀도가 낮은 물이 표면으로 올라가면서 물이 위아래로 순환한다. 수온과 염분의 변화에 의해 일어나기 때문에 열염순환이라고 불린다. 물이 차가워지는 곳은 남극과 북극 주변이므로 바닷물의 침강은 북극 부근에서 시작된다. 남극 저층수는 밀도가 가장 큰 해수로 해빙의 생성에 의해 해수의 염분이 높아지면서 바다 아래로 가라앉아 생성된다. 물의 독특한 특성은 해수순환을 일으켜 전 지구적 에너지 평형에 매우 큰 역할을 한다.

2 생명 활동의 모든 것을 담을 수 있는 용매

물의 또 다른 특징은 에탄올, 메탄올과 같은 다른 용매에 비해 녹는점과 끓는점이 높다는 점이다(표2-4). 이는 물 분자간의 끈끈한 응집력 때문이다. 그래서 물은 섭씨 0~100도 사이에서 액체 상태로 존재할 수 있다. 이런 액체 상태의 물은 생명 현상에 필수적

물은 생명 활동에 필수적인 아미노산과 각종 염을 녹이는 데 적절한 극성 용매다.

인 분자들인 단백질, 효소, 핵산과 같은 고분자물질과 아미노산, 당, 각종 염 등을 녹이는 데 안성맞춤이다. 이들 대부분의 물질들은 극성을 띠는 극성분자거나 이온성 고체들이다. 이런 분자들을 녹일 수 있는 용매로 물을 대신할 수 있는 액체는 없다. 표 2-1에 나와 있는 에탄올, 프로판올, 부탄올 등도 극성을 띠는 용매지만 소수성의 에틸기, 프로필기, 부틸기를 각각 갖고 있어 단백질이나 핵산을 제대로 작동하기 힘든 형태로 변성시키고 저분자 물질을 잘 녹이지 못하기 때문에 적합한 용매라 할 수 없다. 특히 구조가 바뀐 단백질이나 핵산은 더 이상 본래의 화학 반응을 수행할 수 없을뿐더러 유전물질로 작용하기도 힘들다.

	녹는점(℃)	끓는점(℃)	기화열(J/g)
물(H_2O)	0	100	2,260
메탄올(CH_3OH)	-98	65	1,100
에탄올(CH_3CH_2OH)	-117	78	854
프로판올($CH_3CH_2CH_2OH$)	-127	97	687
아세톤(CH_3COCH_3)	-95	56	523
헥산($CH_3(CH_2)_4CH_3$)	-98	69	423
뷰탄($CH_3(CH_2)_2CH_3$)	-135	-0.5	381
클로로포름($CHCl_3$)	-63	61	247

표 2-1 물을 포함한 일반적 용매의 녹는점, 끓는점, 기화열.

또 물의 비열이 모든 물질 중에 가장 높기 때문에 물이 열 완충제로 작용하여 생물체의 온도를 비교적 일정하게 유지할 수 있다. 뿐만 아니라 기화열이 높기 때문에 높아진 체온을 땀을 흘려 낮출 수 있다. 땀을 흘리면 물이 액체에서 기체로 증발하면서 주위로부터 열을 빼앗아간다. 그래서 주위의 온도를 낮추는 것이다.

식물의 경우 물의 응집력 보다 부착력이 커서 생기는 모세관 현상으로 토양에 있는 물 분자를 뿌리가 흡수하여 잎까지 물을 수송한다.

물이 앞서 말한 것처럼 세포 내 화학 반응이 일어나는 용매로서의 역할만 하는 것은 아니다. 물 분자가 직접 화학 반응에 참여하는 것을 흔히 볼 수 있다. 세포의 에너지 단위인 ATP는 근육이 수축할 때 필요한 에너지를 제공해 주는데 이때 ADP와 인산으로 분해된다. 이 반응에 물 분자가 관여한다. 그 외에도 많은 생체내 화학 반응에 물이 직접 반응물로 참여한다.

만약 물이 용매가 아니었다면, 세포가 만들어지지 않았을 가능성이 매우 크다.[4] 세포는 지질이중막으로 둘러싸여 외부와 내부가 확연히 구분되는 하나의 방과 같다(그림 2-4). 지질은 두 개의 탄화수소 사슬(지방산)과 하나의 머리 부분으로 구성되어 있다. 머리 부분은 보통 극성을 띠지만 꼬리라고 일컬어지는 탄화수소 사슬은 전부 지방산으로 이루어져 있다. 이 지방산의 탄화수소 부분은 무

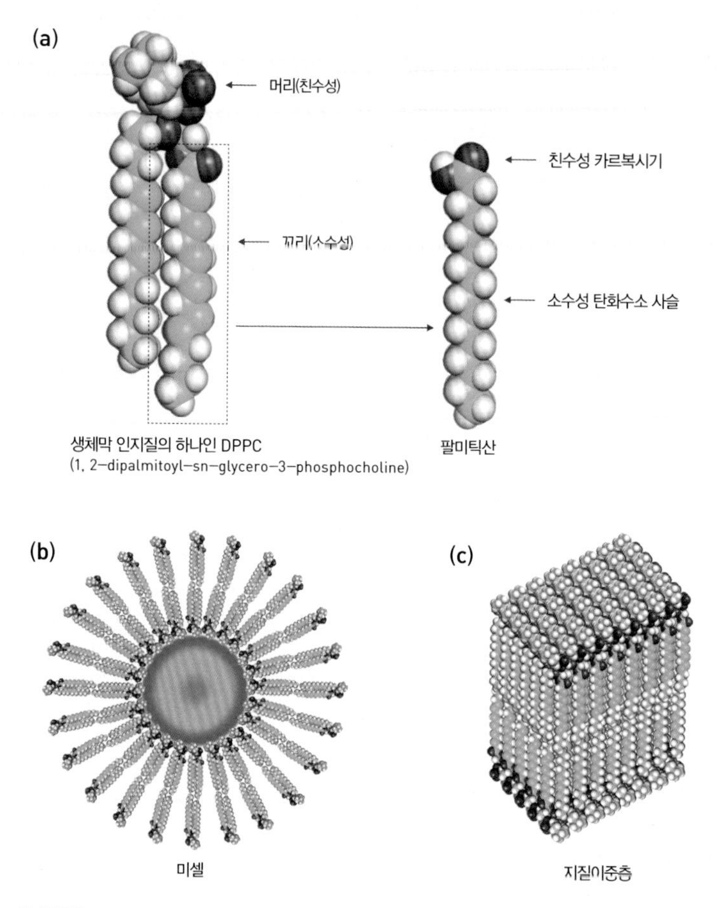

그림 2-4

(a) 생체막을 구성하는 인지질 구조의 예. 이 인지질은 머리 부분에 친수성의 인산유도체 하나가 결합되어 있고, 꼬리 부분에 소수성인 팔미틱산 두 개를 갖고 있다. 팔미틱산은 소수성의 긴 탄화수소 사슬과 친수성인 카르복시기를 모두 갖고 있다. (b) 지방산을 물에 녹였을 때 소수성 사슬 부분을 물 분자들이 둘러싸게 된다. 소수성 물질은 물 분자와 가까이 하지 않으려 하기 때문에 되도록이면 물과 만나는 부분을 최소화하려고 한다. 그래서 지방산의 소수성 사슬들은 물 분자에 노출되는 부분이 가장 적도록 미셀을 형성한다. 최초의 세포가 이렇게 형성되었을 거라고 과학자들은 생각하고 있다. (c) 인지질의 경우도 마찬가지이다. 막대 모양을 하고 있는 인지질은 친수성인 머리 부분은 물 분자를 향하고 소수성인 지방산은 서로 한 방향으로 뭉쳐 지질이중층을 형성한다.

극성으로 물과 함께 있기를 꺼리는 소수성 물질이다. 그래서 지질 분자들을 물과 함께 섞으면 물 분자와 친한 친수성 머리 부분은 물 쪽으로 향해 배열되고 물을 꺼리는 소수성 부분은 물과 멀어져 자기들끼리 모인다. 이런 과정을 통해 우리가 알고 있는 세포의 형태가 만들어 질 수 있었다. 만약 물 대신 다른 무극성 용매를 사용했다면 지금 형태의 세포는 만들어지지 않았을 것이다.

3 물의 특성은 수소결합에서 나온다

그렇다면 물의 이런 특성은 어디서 나오는 걸까? 물의 특성을 이해하기 위해서는 물의 분자 구조를 살펴볼 필요가 있다. 물 분자는 산소 원자 한 개와 수소 원자 두 개가 서로 전자를 공유하는 공유결합으로 형성되어 있다. 그리고 산소 원자는 공유결합에 참여한 전자 외에 두 개의 비공유 전자쌍 (혹은 고립 전자쌍)을 갖고 있다(그림 2-5). 산소 원자가 수소 원자와 결합하여 물 분자를 형성하면 기하학적으로 정사면체 구조를 만든다. 정사면체 중심 원자와 각 꼭지점이 이루는 각은 109도다. 하지만 산소 원자는 두 개의 고립 전자쌍이 서로 반발하여 밀어내기 때문에 산소 원자가 두 개의 수소 원자와 이루는 각은 104.5도로 약간 작다.

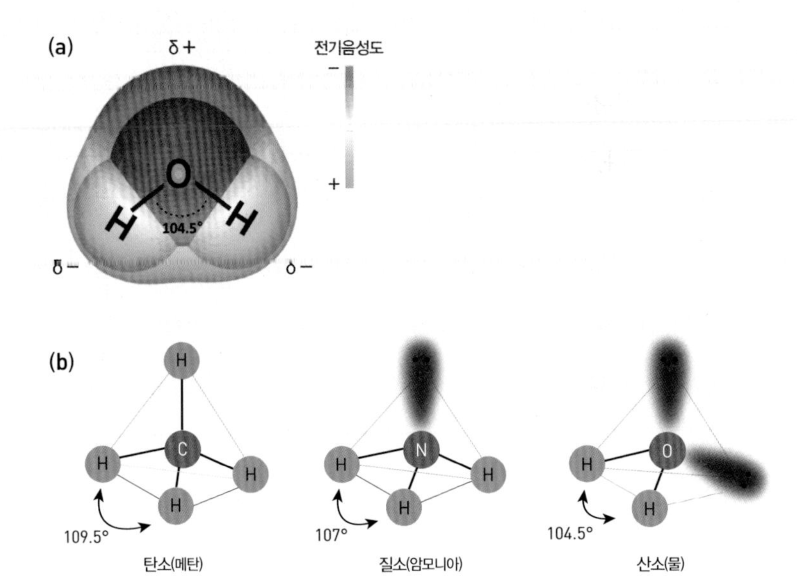

그림 2-5

물 분자의 전기적 특성과 기하학적 구조를 나타냈다.
(a) 물 분자를 구성하는 산소와 수소는 전기음성도가 다르다. 산소가 수소에 비해 전기음성도가 커서, 결합에 참여한 전자를 산소 원자 쪽으로 강하게 끌어당긴다. 산소 원자 쪽으로 전자가 끌려가게 되면, 물 분자 내에서 산소 원자 쪽은 음전하를 띠게 된다. 반대로 수소 원자는 결합에 참여한 전자가 산소 원자 쪽으로 더 많이 끌려가 상대적으로 양전하를 띠게 된다. 그래서 물 분자는 전체적으로 산소 원자 쪽에 음전하를, 수소 원자 쪽에 양전하를 띠게 된다. 전자가 완전히 하나의 원자 쪽으로 이동한 것이 아니라, 결합에서 한쪽으로 쏠린 분포를 하고 있어, 전기적 극성이 형성되었다고 말하고, δ 기호를 사용하여 δ−, δ+로 표시한다. 그림에서는 전기음성도가 큰 산소 원자 쪽이 음전하를 띠게 되어 보라색으로 나타나있고, 수소 원자 쪽은 녹색으로 그려져 있다. 그림 옆 척도는 전기음성도를 나타낸다. 이런 전기적 극성에 의해 물에서는 수소결합과 같은 독특한 성질이 나타난다.

(b) 물은 산소를 중심으로 정사면체 구조를 형성한다. 같은 정사면체 구조를 만드는 탄소 원자와 질소 원자와 비교해보면 그 차이를 알 수 있다. 탄소 원자는 수소 원자 네 개와 모두 결합하여 결합각이 109°인 반듯한 정사면체 구조지만, 질소와 산소는 고립 전자쌍이 각각 한 개와 두 개가 있어 수소 원자와의 결합각이 달라진다. 특히 물 분자는 결합에 참여하지 않는 산소의 고립전자쌍이 서로 반발하여 수소 원자간 결합각이 104.5°까지 줄어든다.

산소는 수소와 결합을 통해 전자를 공유하고 있지만, 산소의 전기음성도가 수소보다 훨씬 크기 때문에 산소 쪽으로 전자를 더 많이 끌어당긴다. 이렇게 한쪽으로 치우친 전자 공유로 물에는 극성이 생긴다. 전자를 많이 끌어당긴 산소는 부분적으로 음전하(δ-)를, 전자가 산소 쪽으로 많이 당겨져 있는 수소는 부분적으로 양전하(δ+)를 띤다. 그 결과 어떤 한 물 분자의 산소에 생긴 음전하와 다른 물 분자의 양전하를 띤 수소 사이에 정전기적 인력이 존재하게 된다. 이를 수소결합이라고 한다(그림 2-6).

물 분자는 산소 쪽에 음전하가, 수소 쪽에 양전하가 만들어진다. 물 분자의 이런 극성에 의해 물 분자들 사이에는 서로 정전기적 인력이 작용한다. 바로 수소결합이다.

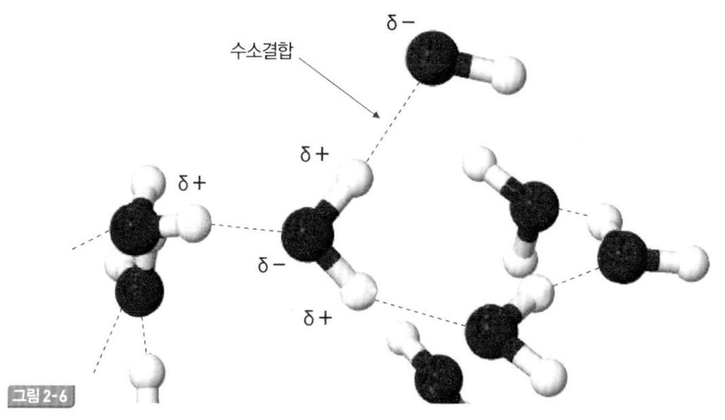

그림 2-6

두 개의 물 분자가 수소결합으로 연결된 모습이다. 물 분자의 산소 원자와 다른 물 분자의 수소 원자 사이에 정전기적 인력에 의해 일어나는 결합으로, 공유 결합이나 이온 결합에 비해서는 약하다.

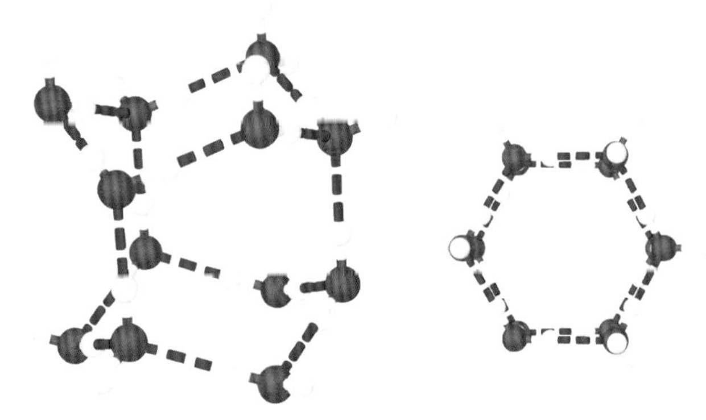

그림 2-7

(왼쪽)얼음 속 물 분자가 수소결합을 맺고 있는 모습이다. 얼음에서 각각의 물 분자는 네 개의 수소결합을 형성한다. 네 개의 수소결합은 물 분자가 형성할 수 있는 최대값이다. 그림에서와 같이 규칙적으로 배열된 얼음 결정이 만들어진다. (오른쪽)왼쪽 그림의 얼음 결정을 위에서 보았을 때 얼음의 구조가 육각형 모양을 하고 있다는 것을 알 수 있다.

물 분자 하나는 4개의 수소결합이 가능하나 실제 액체 상태의 물에서는 평균 3.4개의 수소결합을 하는 것으로 알려져 있다. 반면 고체 상태인 얼음에서 각 물 분자는 고정돼 있어 다른 4개의 물 분자와 수소결합을 한다(그림 2-7). 얼음 결정에서 물 분자들이 규칙적인 격자 구조로 배열되어 있는 것을 볼 수 있다.

수소결합은 공유결합보다 결합력이 약하다. 즉 쉽게 끊어 질 수 있다. 수소결합 한 개만 놓고 보면 분명 맞는 말이지만 액체 상태의 물에서 물 분자들 사이에 만들어지는 수소결합의 수는 굉장히 많다. 그래서 물을 끓여 수증기로 만들려면 상당히 많은 수소결합을 끊어야 하기 때문에 꽤 많은 열에너지가 필요하게 된다. 얼음이 물이 되는 녹는점과 액체인 물이 수증기가 되는 끓는점이 높은 것도 바로 이 수소결합 때문이다.

앞에서 다른 물질에 비해 물의 끓는점은 상당히 높다고 언급했다. 분자량이 78인 벤젠은 물(분자량 18)보다 4.3배나 무겁지만, 끓는점은 섭씨 80.1도로 물보다 낮다. 우리가 연료로 많이 사용하는 프로판이나 부탄도 각각 분자량이 44와 58로 물보다 무겁지만, 끓는점은 각각 섭씨 -42도와 0도 밖에 되지 않는다. 이런 수소결합은 물 분자의 특별한 분자 구조 덕분이다. 한마디로 물의 독특한 특성은 물 분자의 구조에서 나오는 것이다.

4 어는점 내림과 삼투압

물에 무언가 녹아있으면, 순수한 상태의 물과는 다른 특성을 갖는다. 증기압이 높아져 어는점은 내려가고 끓는점은 높아진다. 이런 특성은 용질의 종류나 성질에 관계없이 용질의 입자수에 의해서만 결정된다. 용액의 총괄성이다.

물은 순수한 상태보다는 온갖 다른 물질이 녹아있는 경우가 훨씬 더 많다. 이렇게 물에 뭔가 녹아있게 되면 수용액의 성질에 어떤 변화가 일어날까? 용질이 녹아있는 수용액은 순수한 물과는 다르다. 수용액은 순수한 물보다 증기압이 낮아져(증기압 내림) 어는점이 내려가고(어는점 내림), 끓는점은 올라가며(끓는점 오름), 그리고 삼투 현상이 나타난다. 이런 현상은 녹아있는 용질의 종류나 특성에 따라 달라지지 않고, 오직 녹아있는 용질의 수에 의해서만 결정된다. 이런 특성을 용액의 총괄성이라고 한다. 입자 하나하나의 특성에 의해 결정되는 것이 아니라 전체 입자의 수에 의해 집단적으로 정해지는 특성이라는 의미다.

어는점 내림을 먼저 살펴보자(그림 2-8). 물이 어는 과정은 액체 상태의 물 분자가 규칙적으로 정렬하여 고체인 얼음을 형성하는 과정이라 할 수 있는데, 이 때 물에 다른 물질, 즉 용질이 녹아 있으면, 이 용질 입자들이 물 분자의 정렬을 방해한다. 그래서 물만 있을 때보다 물에 용질이 녹아 있으면 어는점이 내려가는 것이다. 염분의 농도가 3.5퍼센트인 일반적인 바닷물은 섭씨 -1.9도에서 언다. 그에 반해 포화농도의 소금물(약 30퍼센트)은 섭씨 -21도에서 언다. 즉 물에 소금을 넣어 포화 상태의 소금물을 만들면 -20도까지는 온도를 낮춰도 얼지 않아 액체 상태로 존재한다. 극지의 대지와 바다, 빙하, 얼음에는 총괄성으로 어는점이 내려가 얼지 않고 얇은 막의 형태로 물이 존재한다고 한다. 하지만 이런 물을 생물이 사용할 수 있는지는 아직 더 많은 연구가 필요하다.

또 다른 현상은 증기압 내림이다. 증기압이란 액체 또는 고체 상태의 물질이 증발하여 발생한 증기, 즉 기체의 압력을 말하는 것으로, 액체 또는 고체가 증기와 동적평형 상태를 이루고 있을 때의

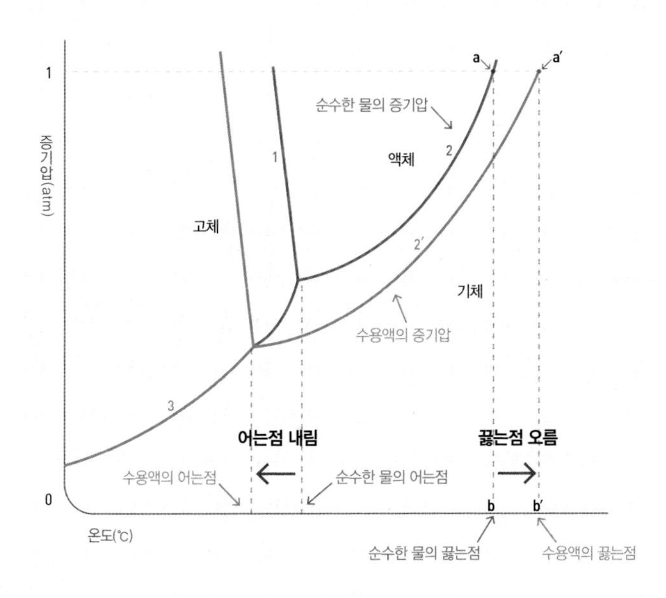

그림 2-8

해당 온도와 압력에서 안정적인 물의 상phase, 즉 특정 온도와 압력에서 물이 고체, 액체, 기체 중 어떤 상태인지를 알려주는 물의 상평형 그림이다. 그림의 선(붉은색, 푸른색 모두)은 상의 경계를 나타내는 선으로, 해당 온도와 압력에서 두 상이 평형상태로 공존한다는 것을 의미한다. 붉은색 선은 순수한 물의 상평형 그림으로, 1번 선을 경계로 왼쪽 영역이 고체, 즉 얼음이고, 오른쪽 영역이 액체, 즉 물이다. 2번 선을 경계로 왼쪽 영역은 액체, 오른쪽 영역은 기체, 즉 수증기를 나타낸다. 3번 선의 왼쪽 영역은 고체, 즉 얼음이고, 오른쪽 영역은 기체다. 푸른색 선은 물에 용질이 녹아있는 수용액의 상평형 그림이다.
우리가 일반적으로 말하는 '끓는다'는 것은, 물질의 액체 상태 증기압이 온도가 올라갈수록 증가하여, 주위의 기압(여기서는 대기압)과 증기압이 같아질 때를 말한다. 다시 말해, 주위의 공기가 가하는 압력과, 액체가 내놓는 증기에 의한 압력이 같을 때의 온도를 끓는점이라고 한다.
그림에서 2′번 선은 2번 선의 아래쪽에 있다. 즉 특정 온도에서 증기압은 순수한 물이 용질이 녹아있는 수용액보다 높다. 순수한 물과 수용액의 증기압이 대기압과 같아지는 점(a,a′)을 비교하면, 수용액의 끓는점(b′)이 순수한 물의 끓는점(b)보다 높은 것을 알 수 있다. 그리고 수용액의 어는점은 순수한 물의 어는점보다 낮다. 이를 끓는점 오름과 어는점 내림이라 한다. 이는 특정 온도와 압력에서 물보다 수용액의 증기압이 낮기 때문에 생기는 현상이다. 두 성질 모두 물에 녹아 있는 용질의 양에 비례한다. 용질이 많이 녹아있으면 수용액은 순수한 물보다 끓는점은 더 높고, 어는점은 더 낮다.

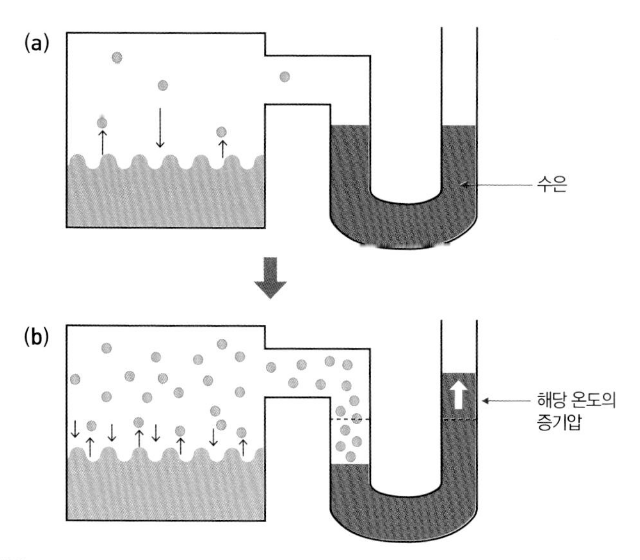

그림 2-9

증기압이란 해당 온도에서 어떤 물질의 액체 혹은 고체 상태와 그 물질의 증기가 동적 평형상태에 있을 때, 증기의 압력을 말한다. 포화증기압이라고도 한다. 그림처럼 밀폐된 용기에 액체 또는 고체 상태의 물질을 넣어두면 표면에서는 끊임없이 분자가 증발 혹은 승화하여 증기가 생성되는데, 시간이 어느 정도 지나면 더 이상 증기가 생성되지 않는 것처럼 보인다. 증발 혹은 승화하는 분자의 개수와 액체나 고체로 응축하는 증기 분자의 개수가 같아지는 동적 평형 상태에 도달했기 때문이다. 실온에서 증기압이 큰 액체를 휘발성 물질이라고 한다.
(a) 상태에서 열을 가하면, (b)와 같이 증기가 더 많이 생성된다. (b)에서 변화된 수은 기둥의 높이가 해당 온도에서 그 물질의 증기압에 해당한다.

포화증기압을 말한다(그림2-9). 밀폐된 용기에 액체를 넣어두면 액체 표면에서는 항상 액체에서 기체로 상태를 바꾸는 분자들이 있다. 즉 겉보기에 더 이상 액체상과 기체상에 변화가 없을 때의 압력을 증기압이라 한다.

용질을 녹였을 때 용액의 증기압이 내려간다는 말은 용액이 쉽게 기체가 되지 못한다는 것을 의미한다. 용액 속에 용질의 입자수가 많아지면 그 만큼 표면의 용매 분자 수가 줄어들고 또한 용매가 용질과 결합하고 있기 때문에 증기압은 낮아지게 된다. 증기압이 내려가면 당연히 이 용액을 끓이기 위해서는 즉, 대기압과 증기압이 같아지기 위해서는 더 많은 에너지를 가해야 하므로 끓는점이 올라간다(끓는점 오름). 그러므로 바닷물은 증기압이 낮기 때문에 끓는점은 섭씨 100도 이상으로 올라간다. 반대로 증기압이 올라가면 끓는점은 내려간다. 이 내용은 뒤에 나오는 얼음과 결빙방지단백질의 결합을 이야기 할 때 다시 언급할 것이다.

얼음에 한정시켜 증기압을 알아보자. 얼음의 표면에서 기체 상태의 수증기가 되려는 물 분자의 개수와 수증기에서 얼음이 되려는 물 분자의 개수가 같을 때 그 때 수증기의 압력이 증기압이다. 증기압은 물이 가장 크고 과냉각수, 얼음의 순으로 작아진다. 또한 평면보다 곡면에서 증기압이 크다. 곡률이 클수록 증기압도 커지게 된다. 이 부분은 나중에 결빙방지단백질의 얼음 결정 성장-억제 메커니즘을 이해하는 데 필요하며 다시 다룰 것이다.

삼투압은 세포가 얼 때 나타나는 현상을 이해하는데 도움이 된다. 삼투압도 총괄성에 기인하는 현상으로 농도가 다른 두 용액을

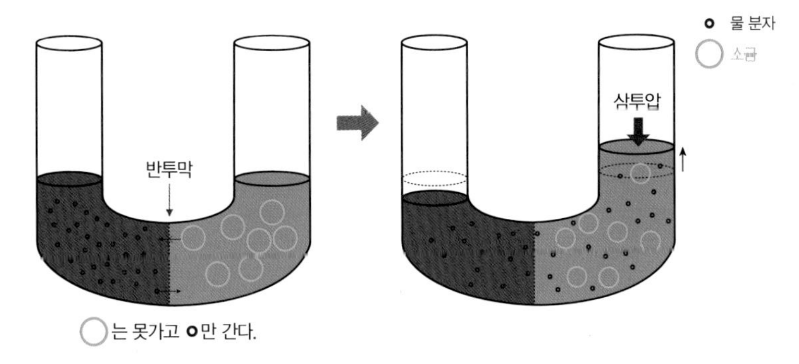

그림 2-10

삼투압은 1901년 최초로 노벨 화학상을 수상한 네덜란드 화학자 야코부스 반트호프가 발견했다. 반투막을 사이에 두고 한쪽에는 순수한 물, 다른 한쪽에는 소금을 물에 녹인 소금물을 넣으면, 물 분자가 소금물 쪽으로 이동하여 두 쪽의 농도 평형을 맞추게 된다. 그렇게 되면 소금물 쪽의 부피가 증가하게 되어 용액의 높이가 높아진다. 이렇게 생긴 차이를 없애주려면 용액 쪽에 압력을 가해야 한다. 즉 용매에서 용액으로 물의 흐름을 막는데 필요한 압력이 삼투압이다. 삼투압은 총괄성에 영향을 받으므로 입자 수에 비례한다.

삼투압은 농도가 다른 두 용액을 반투과성막으로 분리했을 때, 농도가 낮은 용액의 용매 분자들이 농도가 높은 쪽 용액으로 이동하면서 생기는 압력을 말한다. 생물체에 존재하는 막은 거의 대부분 반투과성막이다.

용매만 통과할 수 있는 반투과성막으로 분리했을 때 농도가 낮은 용액의 용매 분자들이 농도가 높은 쪽으로 이동하면서 생기는 압력을 말한다(그림 2-10). 용매의 이동은 양쪽의 농도가 같아질 때까지 진행된다. 예를 들어, 배추의 세포막은 반투막이므로 삼투 현상에 의해 소금물에 배추를 넣으면 배추에서 물이 빠져 나와 배추가 절여지게 된다. 삼투 현상은 특히 세포를 얼릴 때 세포 안과 세포 밖의 농도차에 의한 물 분자의 이동을 설명할 때 다시 언급할 것이다.

그럼 우리가 살펴보려는 극지 미생물은 물을 어떻게 이용할까? 그들이 살아가면서 물을 흡수하고 배출하며 이용하는 해빙과 빙하를 살펴보자.

5 극지 해빙은 미소생물의 서식처

드넓게 펼쳐져 있는 해빙. 차가운 얼음 속에는 아무것도 없는 것처럼 보인다. 하지만 해빙은 우리가 보는 것과는 달리 수많은 생명을 그 안에 품고 있다. 해빙은 차가울 뿐 아니라 소금물 보다 4배나 더 짠 물을 갖고 있다. 민물 물고기는 바닷물에서 살 수 없다. 삼투현상으로 몸 속의 물이 빠져나가 탈수로 죽게 된다. 이런 환경에 엄청나게 많은 생물이 살고 있다면 믿을 수 있겠는가?

극지의 해빙은 극단적 환경의 서식처로, 극지 생태계 구조를 만드는데 결정적인 역할을 한다. 해빙이 가장 많이 형성되었을 때는 지구 표면의 13퍼센트를 덮을 정도였다. 사막(지구 전체 표면적의 19퍼센트)과 툰드라(지구 전체 표면적의 11퍼센트)와 같이 생물들의 서식처 중 하나다.

해빙을 자세히 들여다보면 미세한 관들이 그물처럼 얽혀있는 것을 볼 수 있다(그림 2-11). 이 관들을 염수통로라고 하는데, 해빙이 만들어지는 과정을 살펴보면 어떻게 이런 구조가 생기는지 알 수 있다. 기온이 크게 떨어지는 늦가을 즈음이면 바다 표면에 직경 2~3밀리미터 크기의 작은 원반 모양 얼음 결정들이 형성돼 바다 위를 떠다닌다(그림 2-12). 작은 얼음과 물이 섞여 있는 슬러쉬 상태의 바닷물에서 얼음 원반들이 하나 둘 합쳐져 팬케이크 모양의 큰 얼음 원반이 만들어진다. 그리고 이런 얼음 원반들이 서서히 결

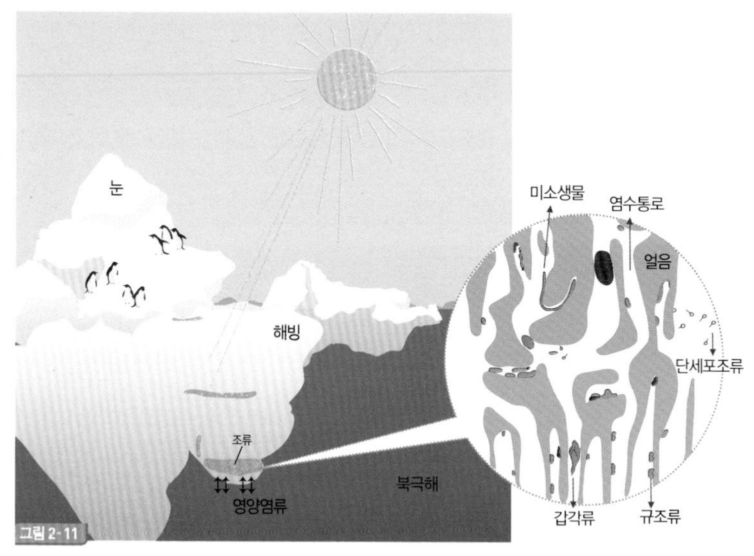

해빙 내부에는 얼음 외에도, 해빙 형성 과정에서 만들어진 염수통로들이 그물처럼 얽혀 있다. 이 염수통로에는 미소생물과 바다에서 안전한 보금자리를 찾아 오는 생물들이 모여 살아가면서 하나의 얼음 생태계를 형성한다.
해빙 위에 덮여 있는 눈은 내리쬐는 햇빛을 거의 대부분 반사한다. 그래서 해빙 안으로 들어오는 태양광의 양이 극히 적어 광합성이 쉽지 않다. 또한 염분농도도 바닷물보다 무려 최대 7배가 높으며 온도도 −10~−20℃까지 내려가는 척박한 생존 환경이다. 그나마 해빙 아래쪽 바다로부터 유입되는 영양염류가 있어 미소생물이 살아갈 수 있다.

그림 2-12

겨울 북극해에서 해빙이 성장하고 있다. (a) 작은 원판 모양의 얼음 결정들이 모여 팬케이크 모양의 얼음 원반이 만들어진다. (b) 팬케이크 모양의 얼음이 서로 결합하여 해빙의 모습을 갖추어간다. (c) 해빙도 그 생성 연수에 따라 일년생, 다년생 해빙으로 나눈다. 일년생 해빙은 형성된 지 1년 된 해빙이다.

바닷물이 얼 때 물에 녹아있는 염은 빠져나가고 물만 얼게 된다. 얼음이 자라면서 미처 빠져나가지 못한 염수는 해빙 아래쪽으로 모이며 통로를 만든다. 바로 염수통로다. 이 염수통로는 해빙 극지생물이 살아가는 서식처다.

합하여 해빙이 형성된다.

얼음이 얼면서 염분은 다 빠져나가야 하지만 해빙에는 염분이 남아있다. 얼음이 기둥모양으로 바다 아래쪽으로 자라면서 그 사이에 염분이 끼어 갇히기 때문이다. 일반적으로 바닷물 1킬로그램에는 소듐과 염소를 비롯해 황산과 마그네슘, 칼슘, 칼륨 등의 염이 35그램 가량 들어있다. 그런데 해빙에는 염분이 얼음에 갇혀 농축되어 바닷물보다 최대 7배나 많은 250그램의 염이 존재한다. 이렇게 형성된 염수는 물보다 무겁기 때문에 해빙의 가장 아래쪽에 쌓이게 되는데, 이때 염수가 배수되면서 생겨난 통로를 염수통로라고 한다. 이 통로의 크기는 수 마이크로미터에서 수 밀리미터인데, 미로처럼 복잡하게 연결되어 있다. 이 염수통로가 극지 생물들이 살아가는 은신처가 된다. 해빙 전체가 극지 생물이 살아가는 거대한 도시와 같다고 할 수 있다. 개미집과 흡사하다고 할 수 있다.

해빙의 두께는 평균 1.5 미터다. 해빙은 보기보다 훨씬 복잡한데, 표면과 아래 부분 사이에 온도, 염분농도, 빛의 입사량 차가 크다(그림 2-13)[5]. 해빙은 그 안에 얼음만 있는 것이 아니고, 다양한 형태의 염수통로가 존재한다. 그래서 겉으로 보기에는 모든 해빙

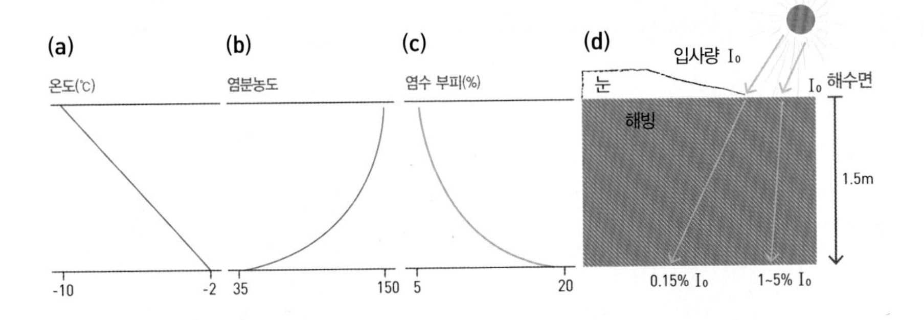

그림 2-13

(위) 해빙 단면에서 해빙의 윗 부분과 아랫부분의 온도, 염분농도, 염수부피, 빛의 입사량 변화를 나타냈다. 그림 (a), (b), (c) 모두 그림 (d)의 해빙 단면을 참조한다. (a) 해빙 표면의 온도는 대기의 온도와 거의 같은 −10℃지만, 해빙 아래쪽으로 갈수록 바닷물의 어는점인 −1.8℃로 올라간다. (b) 바다 표면에서 바닷물이 얼어 해빙이 생성될 때 미처 빠져나가지 못한 염이 쌓여 해빙 위쪽은 염분농도가 높다. 하지만 염분농도가 높은 해빙 표면의 염수가 아래쪽으로 내려오면서 해빙 아래쪽의 염분농도는 바닷물의 평균 염분농도까지 낮아진다. (c) 해빙 표면은 염수가 많지 않지만, 염분농도가 높은 무거운 염수가 아래로 내려오면서, 해빙 아래쪽에는 염수부피가 20%까지 높아진다. (d) 해빙은 받아들인 햇빛의 1~5%만 아래쪽까지 전달되는데, 해빙의 표면이 눈으로 덮이면 그 비율은 0.15%까지 떨어진다. 해빙이 눈으로 덮이면 아래쪽에는 햇빛이 거의 들지 않는다.

• Thomas and Dieckmann(2002)의 그림을 수정.

(아래) 쇄빙선이 해빙을 부수고 지나간 다음 해빙의 아래 부분이 뒤집혀 바닷물 위로 올라온 모습이다. 해빙의 아래쪽에는 갈색을 띠는 극지 규조가 번성하고 있는 것을 알 수 있다. 규조류는 크릴과 같은 동물플랑크톤의 주요 먹이다.

이 같아 보이지만, 실제로는 모두 다 다른 해빙이라고 할 수 있다. 특히 염분농도는 위쪽이 상당히 높다. 해빙의 아래쪽은 바닷물과 비슷한 염분농도를 보이지만 위로 갈수록 염분농도가 높다. 그 이유는 소금물이 완전히 빠지지 못한 채 쌓였기 때문이다. 그래도 이 소금물은 천천히 빠져나가므로 나넌생 해빙의 염분농도는 일년생 해빙의 염분농도보다 대체로 낮다. 해빙의 염수통로는 폐쇄형이거나 반폐쇄형이기 때문에 생물이 살아가는데 필수적인 물질교환 과 확산 속도가 느리다. 염수통로가 해빙 내에 차지하는 부피도 아래로 갈수록 크다. 위쪽의 소금물이 아래로 내려오면서 염수통로가 더 커지는 것이다. 해빙의 아래쪽은 해수와 맞닿아 표층보다 훨씬 따뜻하고(섭씨 -2도지만 극지의 평균기온을 생각하면 따뜻한 것이다) 온도 변화도 크지 않다. 그래서 해빙 아래 부분은 그나마 생물이 살기에 적합하다 할 수 있다(그림 2-14 참조). 해빙 위에는 굉장히 강한 햇빛이 비치지만 눈과 얼음이 햇빛을 반사하기 때문에 해빙 아래쪽은 어두컴컴하다. 특히 남극은 오존층의 파괴로 지표까지 들어오는 자외선이 상당히 강해 해빙의 표면은 생물이 살아가는데 좋은 환경이 아니다.

빙하는 쌓인 눈이 점진적으로 중력과 압력을 받아 수백만 년 동안 다져져 대륙에 형성된 얼음이다. 빙하 얼음은 고대 미생물을 보존하고 있는 독특한 생태계인데 과거의 기후 변화를 수백만 년 동안 연대별로 보존하고 있어 과학적 연구가치가 매우 높다. 전 지구 대륙빙하의 대부분은 그린란드와 남극의 얼음이 차지한다. 빙하는 지구 육지 표면의 10퍼센트에 해당하며 지구 담수의 77퍼센트를 차지하고 있다. 빙하의 얼음에는 두 가지 형태의 서식처가 있는데 하나는 액체인 물이 존재하는 수맥이고 다른 하나는 기저 암반의 표면에 있는 수막이다. 얼음 입자의 경계면에 있는 가느다란 수맥에 존재하는 물질의 총량은 실험실에서 쓰는 배지와 비슷한 수준으로 박테리아의 대사와 생존을 유지하는데 필요한 다양한 기질이 포함되어 있는 것으로 밝혀졌다.

그림 2-14

북극의 해양 생태계와 서식하는 생물들,
그리고 그들간의 관계를 나타냈다.

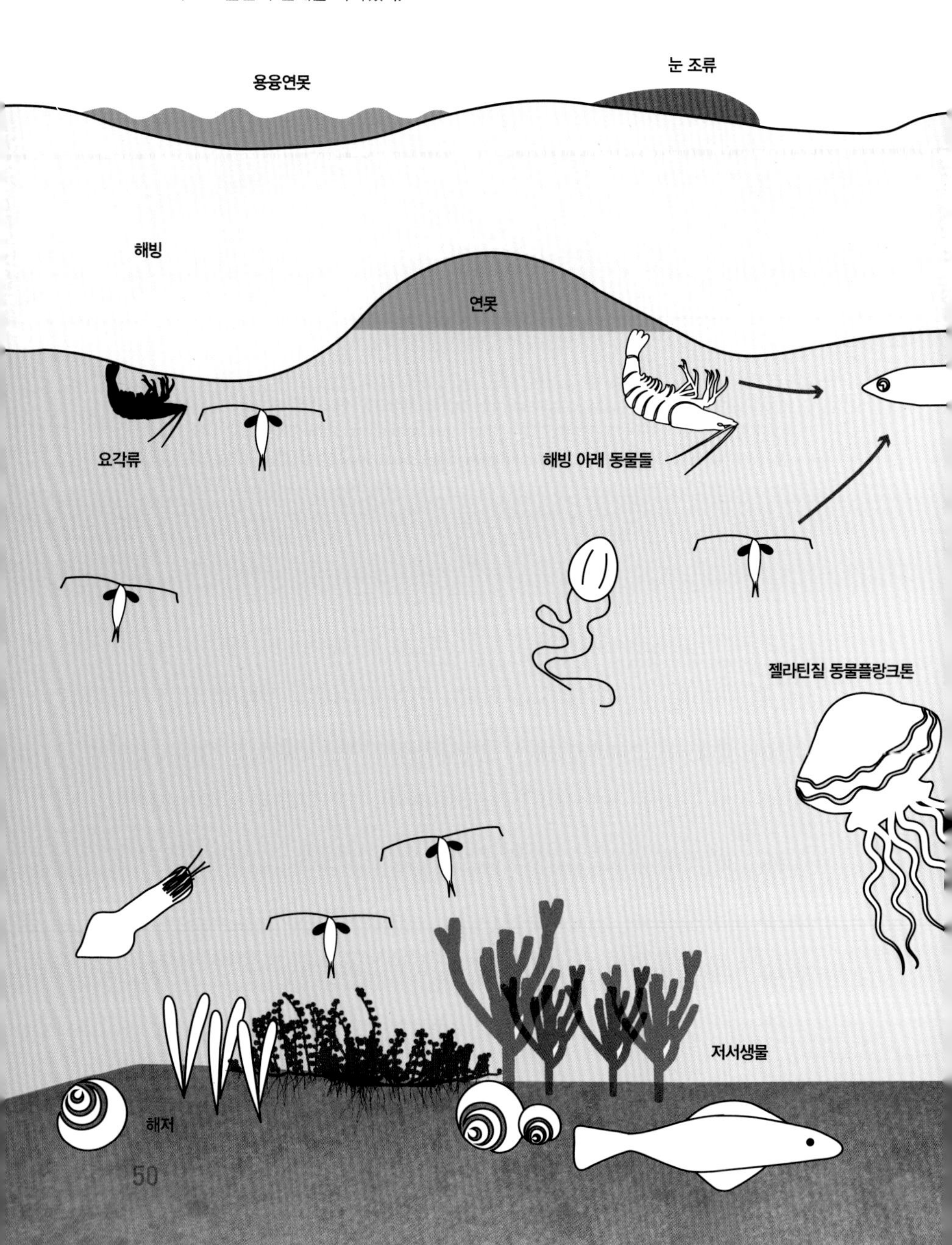

해빙 가장자리
해빙 가장자리 생물번성
해저 침전

해빙에 사는 미소생물들

해빙이 염분농도가 바뀌면 생체 군집도 영향을 받는다. 해빙에서 발견된 생물은 미세조류가 가장 많다. 이 미세조류를 해빙 미세조류라 하고 그중 우점종이 규조류다. 단일세포로 광합성을 하는 깃털규조류가 가장 두드러지고, 쌍편모조류나 편모조류와 같은 식물플랑크톤, 섬모류와 같은 종속영양 원생생물과 박테리아도 관찰된다.

해빙이 자랄 때 바다로 빠져나가지 못한 규조류는 염수통로에 갇히게 된다. 마이크로미터 크기의 깃털규조는 푸코잔틴이라는 광합성에 필요한 색소를 갖고 있어 갈색을 띤다. 해빙 미세조류는 햇빛을 매우 효율적으로 이용하도록 적응해왔다. 해빙이 눈으로 덮이면 거의 모든 빛을 반사해 해빙 속으로 투과해 들어가는 빛의 양이 매우 적다. 이런 저광량에도 광합성을 할 수 있도록 이들 규조류는 적응해온 것으로 생각된다. 보통 식물이 1제곱미터에 초당 200~350 마이크로몰의 광량이 있어야 광합성을 하는데 비해, 극지 규조류는 1 마이크로몰 이하의 광량에서도 자랄 수 있을 정도로 뛰어난 적응력을 발휘한다.

염수통로는 인삼염이나 질산염 등의 영양분이 풍부하지만 동시에 염분농도가 높아 생물이 살기 쉽지 않다. 염분농도가 높은 환경에 적응한 생물을 호염성 생물이라 부른다. 해빙에 사는 생물은 호냉성이면서 동시에 호염성 생물이다. 해빙 가장 아래쪽에는 수백 종 이상의 호냉성 및 호염성 미세조류가 군락을 이루며 살아간

다. 해빙에 서식하는 대표적 미세조류인 니치아 프리지다와 멜로시라 악티카는 생태계 먹이사슬의 기초다. 이들 식물플랑크톤이 주로 해빙의 아래쪽에 서식하고 그보다 큰 동물플랑크톤인 단각류가 포식자를 피해 통로를 오르락내리락하면서 사는 것이 관찰되었다. 미로처럼 얽혀있는 염수통로를 돌아다닐 수 있도록 이들 생물의 크기는 1밀리미터 남짓이다.

미세조류와 같은 식물플랑크톤 외에도 해빙은 무척추동물과 물고기 치어의 서식처가 된다. 이들은 주로 바다와 접한 해빙 표면에서 안쪽으로 뻗어나간 미로와 같은 구조물을 이용해 천적으로부터 치어나 유생을 보호한다.

남극 해빙의 아래쪽에 서식하는 생물이 또 있다. 바로 크릴이다. 크릴은 작은 갑각류로 남극해의 먹이사슬에 중요한 고리 역할을 한다. 새끼 크릴은 해빙의 밑바닥에 붙어사는 미세조류를 먹고 산다. 그래서 크릴의 분포와 먹이 활동은 해빙의 면적과 밀접한 관련이 있다.

북극의 저서동물인 갯지렁이류나 연체동물류의 애벌레는 연안의 부착빙으로 이동해서 해빙 미세조류를 수주 동안 먹는다. 단각류인 감마리디안은 북극 고유종으로, 떠다니는 얼음인 부빙의 아래쪽에 번성한다. 여름이면 제곱미터당 수백 마리의 개체가 나타나는데 해빙에서 바다로 유기물을 전달하는 중요한 매개체다. 이런 갑각류가 북극 대구의 주요 먹이원이 되며, 북극 대구는 다시 상위포식자인 바다표범과 고래의 먹이로 해빙 생태계 먹이사슬의 중요한 연결고리가 된다.

미세조류를 먹는 동물플랑크톤 감마루스 윌키츠키는 미세조류로 가득 찬 해빙에서 먹이를 찾을 뿐 아니라 천적으로부터 보호도 받을 수 있다. 북극 대구는 해양 포유류와 새들의 주 먹이원인데 해빙은 치어를 키우는 곳으로 안성맞춤이다.

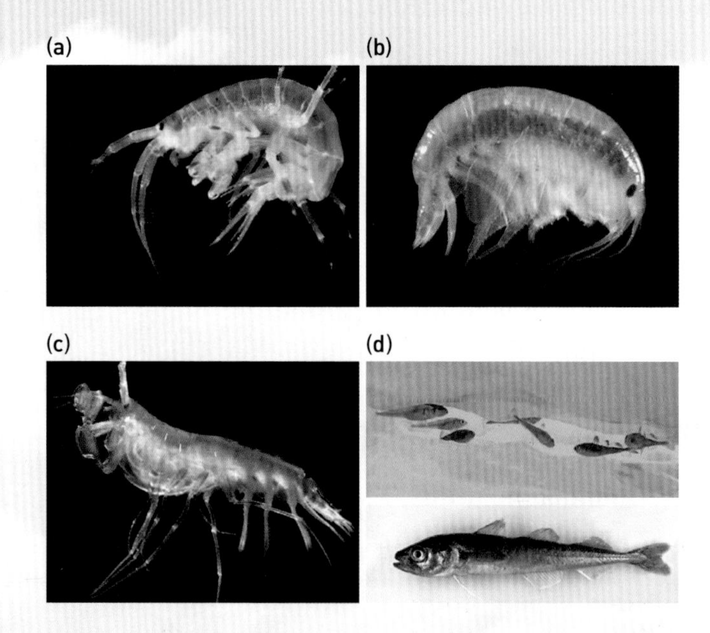

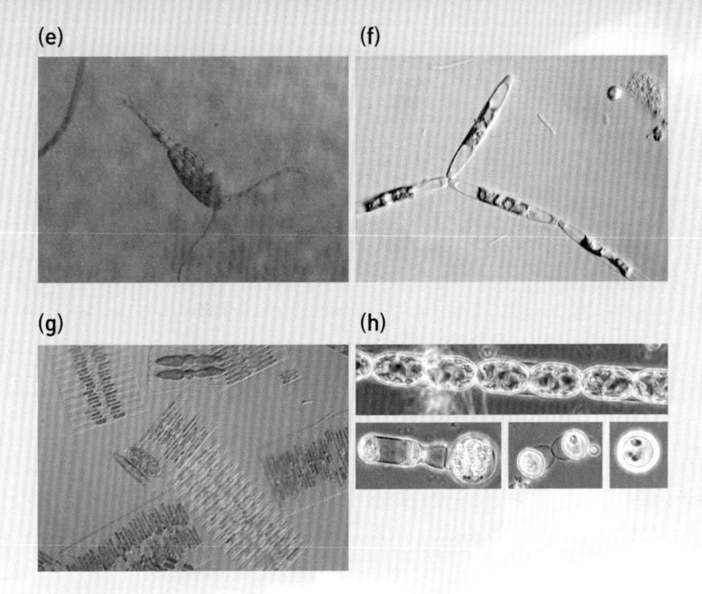

그림 2-15

(a) 감마루스 윌키츠키는 해빙에서만 발견되는 북극 고유종으로 성체는 6cm까지 자라며 얼음에 서식한다. 주로 자신보다 작은 요각류와 해빙의 미세조류를 먹고 산다.

(b) 오니시무스 글라시알리스도 감마루스속 동물플랑크톤과 유사하다. 해빙에서만 발견되는 북극 고유종이다. 갑각류와 미세조류를 먹고 산다.

(c) 에우시루스 홀미는 북극 전체에서 나타나며 해빙, 바다, 해저에 서식한다.

(d) 북극 대구로 크기는 최대 약 40cm이며 북극 고유종이다. 지구상에서 가장 북쪽에 분포하는 어류로 북극점 근처에서도 잡힌다. 해양 포유류, 조류, 다른 어류의 먹이가 된다.

(e) 요각류는 노 모양의 다리를 갖고 있어 이런 이름이 붙어졌으며 노 젓는 배와 생김새가 닮았다. 요각류는 북극 해빙에 가장 흔한 무척추 동물로 해빙의 아래쪽 면과 통로에 서식하며 해빙 미세조류를 주로 잡아먹는다.

(f) 니치아 프리지다　　(g) 프라질라리오프시스 오세아니카

(h) 멜로시라 악티카

3장 극지에서 생물은 추위를 어떻게 견딜까

날이 추워져 주위의 물이 얼기 시작하면 생명체에는 어떤 일이 일어날까요? 우선 세포를 둘러싸고 있는 세포막의 지질층이 굳어 뻣뻣해지거나 젤리같이 엉겨버립니다. 그러면 세포 안팎의 물질이 서로 왔다갈다할 수 없게 됩니다. 또 삼투현상으로 세포 안의 물이 빠져나가 버려, 세포가 쭈글쭈글해지다 마르게 됩니다. 온도가 내려가면 단백질도 변성이 일어나 제 기능을 할 수 없습니다. 그럼, 극지생물들은 이런 어려움을 어떻게 극복할까요? 하나하나 알아볼까요?

목도리 두른 곰이 돋보기로 물개를 가까이서 들여다 보고 있다.

그래, 뭐가 좀 보여?

너 지금 춥지?
세포막이 딱딱하게 굳고 있어.
얼음도 생기려고 하고.
단백질 모양도 변하고 있는데.

어떡하지?
나 이대로 꽁꽁 얼어버리는 거 아닐까?

어, 나는 지금 물개 너 보는 거 아닌데.
너 모자에 붙어있는 미생물 보고 있어.
날이 추워지니까, 이런 변화가 생기네.

이제 그만 봐. 물 밖에 나오니까
영하 15도야. 너무 추워 안되겠어.
다시 바닷물로 들어가야지.
바닷물은 기껏해야 영하 2도밖에 안 되는데.

화학반응은 온도의 지배를 받는다. 생체 내에서 일어나는 화학 반응도 마찬가지다. 우리도 추워지면 야외활동을 하기 싫은 것처럼 온도가 낮아지면 화학 반응도 천천히 일어난다. 온도와 화학 반응속도의 관계를 밝힌 사람이 바로 스반테 아레니우스다. 아레니우스의 이론에 따르면 섭씨 30도에 비해 섭씨 0도에서는 화학 반응 속도가 10~60배 가까이 낮아진다. 순전히 온도에 의한 것이다. 그렇다면 생물들은 이 문제를 어떻게 해결할까? 주위 기온이나 수온이 물의 어는점 부근 혹은 어는점 아래로 내려갔을 때, 생물체에서는 어떤 현상이 일어나는지 하나씩 살펴보자.

1 세포막이 딱딱하게 굳지 않도록 한다

온도가 내려가는 것을 가장 먼저 감지하는 부분이 바로 극지 호냉성 생물의 세포막이다. 사람으로 치면 피부에 해당하는 셈이다. 온도가 떨어지면 생체막의 유동성이 떨어져 단단하게 굳게 되는데 이렇게 되면 세포막 고유의 기능이 손상을 받거나 아예 마비되어 생물이 살 수 없다. 세포막이 굳는 것은, 식물성 기름으로 만들어진 마가린이 열을 가하면 잘 녹지만 상온에 두면 고체 상태가 되는 것과 같은 원리다. 마가린이 상온에서 고체 상태인 것은 식물성 기름

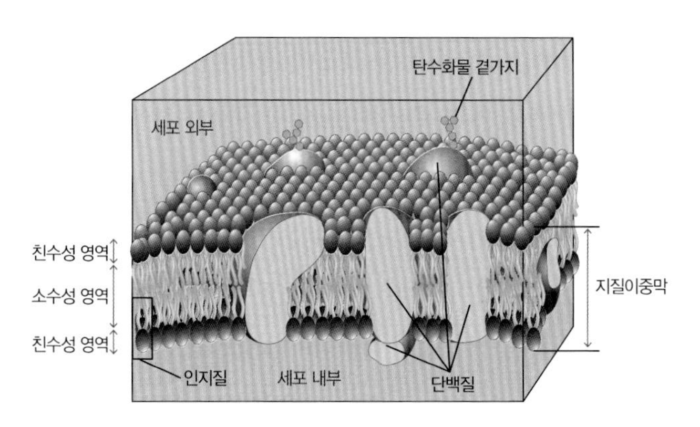

그림 3-1

세포막은 주로 인지질로 구성되어 있고, 사이사이에 상당히 많은 단백질이 박혀있다. 이들 단백질은 세포 내외로 물질을 수송하거나, 감각 신호를 전달하고, 효소로 작용한다. 그런데 이런 기능을 제대로 수행하려면 단백질이 원활히 움직일 수 있어야 한다. 그래서 세포막의 유동성은 생명활동에 필수적이다. 그렇다면 세포막은 얼마나 유동성이 높을까? 직경이 약 1마이크로미터인 박테리아를 생각해보자. 이 박테리아 세포막의 인지질 분자는 1초에 박테리아 세포를 두 번 혹은 세 번 횡단할 정도로 유동성이 좋다. 세포막의 유동성에는 인지질을 구성하는 지방산의 길이와 불포화도가 큰 역할을 한다. 세포가 생명을 이어나가려면 외부와 끈임 없이 물질을 주고 받아야만 한다. 그런데 이런 생체막이 유동적이지 않다면 산소, 이산화탄소, 물, 포도당 등 생명활동에 필수적인 물질들을 세포 내외로 제대로 전달할 수 없게 된다. 이렇게 되면 세포는 결국 죽을 수 밖에 없다.

의 녹는점이 섭씨 34~37도로 높기 때문이다.

세포막은 세포 내부를 외부와 경계짓는 막으로 인지질과 단백질이 주 구성물질이다. 특히 세포막의 핵심 구성 성분인 단백질의 함량은 세포 종류마다 다르나 대개 매우 높은 편(30~75퍼센트)으로 세포 생존에 필수적인 각종 물질의 확산과 수송, 신호전달이라는 중요한 역할을 담당한다(그림 3-1).

이런 단백질은 인지질이 유동적일 때 가장 잘 작동한다. 따라서 온도가 내려가 세포막의 지질이 액체결정 상태인 유동적 상태에서 굳어져 젤 상태가 되면 단백질이 제대로 작동하지 못해 저온에서 세포는 결국 굶주리게 된다. 이렇게 유동적 상태에서 젤 상태로 바뀌는 것도 일종의 상전이로 이때 온도를 상전이 온도라 한다(그림

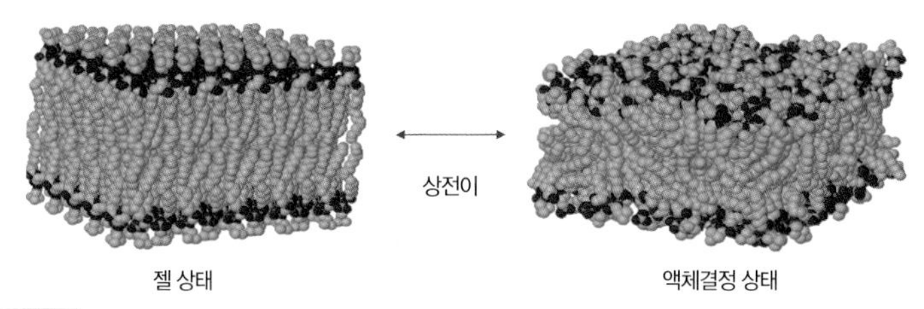

그림 3-2

온도가 올라가면 생체막의 유동성이 커지지만, 온도가 낮아지면 막은 젤 상태가 되어 유동성이 떨어진다. 막의 유동성이 떨어지면 세포막 내부에 들어있는 단백질의 기능이 급격히 약화된다. 그래서 온도가 낮아져 생긴 막 유동성의 저하를 막기 위해 세포막 내에 불포화 지방산을 가진 인지질의 비율을 높이게 된다. 불포화 지방산의 비율이 높아지면 세포막이 유동성은 다시 증가한다.

주위 온도가 내려가면 생체막은 유동성이 떨어지면서 젤 상태로 변한다. 그러면 생체막 내 단백질이 제대로 역할을 수행할 수 없다. 그래서 생명체는 생체막 내 유동성을 확보하기 위해 인지질의 조성을 바꾼다. 지방산의 불포화도를 높이고, 사슬 길이를 줄이고, 가지를 만들기도 한다.

3-2). 세포막 지질 중 50~90퍼센트가 젤 상태에 있을 때 박테리아는 기능을 중지하게 된다. 이를 해결하지 못하면 생명체는 더 이상 생존할 수 없다. 이를 타개할 수 있는 해결책을 찾아야 하는 것이다.

저온에 적응하기 위해 생물은 온도 변화에 따라 인지질 막의 조성을 바꿔 막의 유동성을 유지한다. 즉 막이 쉽게 젤 상태로 변하지 않도록 하는 것이다. 대체로 주위 온도가 떨어지면 생체막의 유동성을 유지하기 위해 인지질의 구성 성분이 바뀐다. 인지질의 꼬리 부분인 지방산의 불포화도가 증가하고, 지방산의 평균 길이가 줄어들며, 선형의 지방산에 가지가 생기기도 한다. 이들은 모두 지방산의 녹는점을 낮춰주는, 즉 낮은 온도에서도 지방산이 액체 상태로 존재하는데 필수적인 변화들이다(그림 3-3).

불포화란 지방산의 탄화수소 사슬에 이중결합을 도입하는 것을 말하는데, 불포화지방산 중 시스형은 이중결합이 있는 곳에서 사슬의 '꺾임'이 만들어지기 때문에 지방산 사슬들끼리 차곡차곡 쌓이는 것을 막아 막의 유동성을 높여준다. 그래서 세포막에 존재하

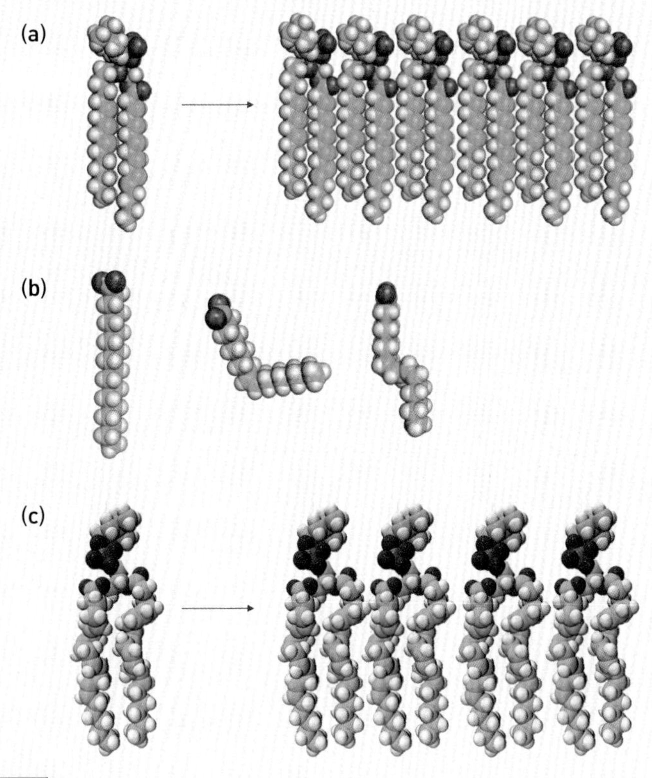

그림 3-3

(a) 인지질의 꼬리를 구성하는 포화지방산은 직선형의 사슬 구조를 하고 있다. 인지질의 두 꼬리가 직선형이므로 그림처럼 서로 차곡차곡 쌓여 생체막을 구성할 수 있다. 포화지방산의 녹는점도 상당히 높아 상온에서 고체이다. 따라서 이런 지방산으로는 저온에서 생체막의 유동성을 보장할 수 없다. 그림의 포화지방산은 팔미트산이다. 팔미트산은 녹는점이 63℃다.

(b) 탄소수 18개의 포화지방산인 스테아르산(왼쪽)은 녹는점이 약 70℃다. 탄소수는 같지만 이중결합이 하나인 올레산(가운데)은 녹는점이 13.4℃, 두 개인 리놀레산(오른쪽)은 약 1℃다. 이처럼 이중결합으로 생기는 불포화 정도에 따라 지방산의 녹는점은 크게 달라진다. 따라서 이렇게 이중결합이 많은 지방산으로 구성된 인지질로 생체막이 만들어지면 낮은 온도에서도 막의 유동성을 유지할 수 있다.

(c) 네 개의 이중결합이 들어있는 다중 불포화지방산인 아라키돈산을 꼬리로 갖고 있는 인지질은 그림과 같이 막을 형성한다. 인지질 분자들이 서로 빽빽하게 쌓일 수 없는 구조를 하고 있으므로 낮은 온도에서도 젤 상태를 만들기가 쉽지 않다. 즉 낮은 온도에서도 유동성이 높다는 것을 의미한다. 참고로 아라키돈산의 녹는점은 −49.5℃다. 이중결합을 여러 개 갖고 있는 다중 불포화지방산인 DHA와 EPA는 U자형이거나 말려있는 구조를 하고 있다. 이 지방산들은 유동성에 크게 기여한다.

는 단백질이 기능을 회복하고, 세포는 저온에서도 정상적 생명 활동을 유지할 수 있다. 예를 들어 호냉성 박테리아는 불포화도가 높은 팔미톨레산(탄소 16개가 연결된 지방산)과 리놀레산(탄소 18개가 연결된 지방산)을 갖고있다. 이들은 각각 섭씨 -0.1도와 -5도에서 언나. 탄소수가 같지만 포화지방산인 팔미트산(탄소 16개)과 스테아르산(탄소 18개)은 각각 섭씨 63.1도와 69.6도나 되어야 고체에서 액체로 바뀐다. 즉 상온에서 이들 포화지방산은 고체로 존재하는 것이다. 이것만 보더라도 이중결합 하나가 얼마나 막 유동성에 중요한지 알 수 있다.

또 인지질 머리 부분의 극성 그룹을 바꿔 극성 분자 간의 반발을 유도해 막의 유동성을 증가시키기도 한다

어떤 미생물은 온도가 떨어져 세포막의 유동성이 떨어지면 세포막이 젤 상태가 되면서 약간 두꺼워지는데 그렇게 되면 이전까지 수용액 쪽에 노출되어 있던 DesK라고 불리는 단백질의 일부분이 두터워진 세포막에 의해 덮히게 된다(그림 3-4)[5]. 세포막으로 덮힌 단백질은 모양에 변화가 일어나고 이 신호를 다른 짝단백질인 DesR에게 전달한다. 이 단백질은 지질불포화효소를 생산하도록 명령한다. 지질불포화효소는 세포막 인지질 지방산의 불포화도를 증가시킨다.

박테리아도 사슬이 긴 다중불포화지방산을 합성하여 생체막의

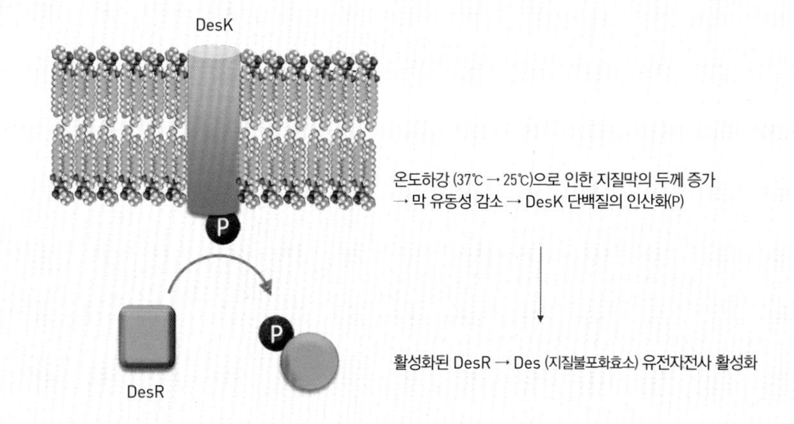

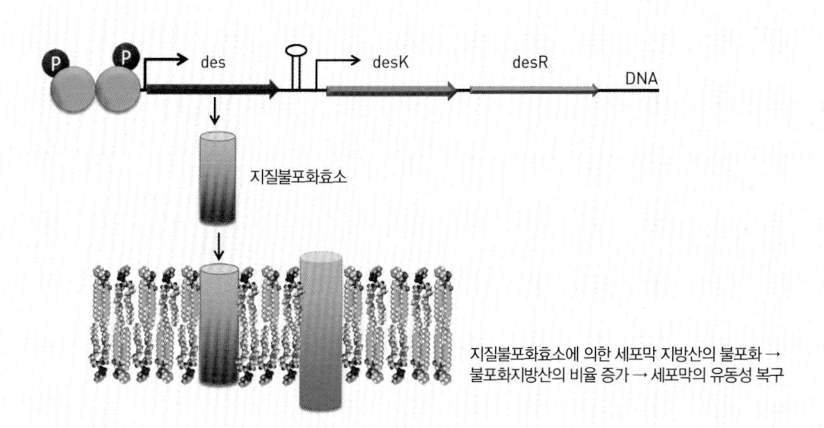

그림 3-4

바실루스 섭틸리스에게는 온도계 역할을 하는 단백질이 있다. DesK와 DesR이라는 짝을 이룬 단백질이다. DesK는 지질층에 파묻혀 있는 막단백질이고 DesR은 세포의 원형질 속에 존재하는 수용성 단백질이다. 온도가 낮아지면 생체막이 뻣뻣한 마가린처럼 되는데, 이렇게 되면 지질들이 잘 정렬하여 전체적으로 지질층의 두께가 두꺼워지게 된다. 지질막이 두꺼워지면 그 전까지 수용액에 노출되어 있던 DesK의 일부 아미노산이 지질층에 의해 덮이게 된다. 그렇게 되면 이 단백질의 모양에 변화가 일어나게 되고 이 신호를 다른 짝 단백질인 DesR에게 전달하게 되는데 이 단백질은 세포막의 뻣뻣함을 유연함으로 바꿔줄 지질불포화효소를 생산하도록 유도한다. 이렇게 생산된 지질불포화효소는 지질막의 지방산에 이중결합을 도입하여 불포화도를 높이게 되어 생체막은 다시 유동성을 찾게 된다. 그러면 세포는 저온에서도 정상적 생명활동을 유지할 수 있게 된다.

유동성을 유지한다(그림 3-3). EPA나 DHA와 같은 긴 사슬 다중불포화지방산을 생산하는 박테리아의 대부분은 감마-프로테오박테리아에 속하는 해양성 저온세균들로 알려져 있다. 저온에서 EPA를 생산하지 못하게 했더니 박테리아는 저온에서 자라지 못했다. EPA가 저온적응에 필수적인 성분임을 말해준다. 불포화지방산을 포함한 지질의 상전이 온도를 측정해보면 이중결합이 많을수록 즉, 불포화도가 높을수록 상전이 온도가 낮아진다는 것을 알 수 있다. 즉 지질이 마가린과 같은 지방덩어리가 되지 않는다는 것으로, 불포화지방산으로 막 유동성이 증가한다는 걸 의미한다. EPA를 생산하지 못하는 돌연변이 박테리아를 만들어 실험해 본 결과 EPA 결손시 세포분열이나 막 형성에 이상이 생기는 것을 발견하였다. 박테리아에서 생성되는 세포막 지질을 구성하는 지방산 이중결합의 수가 줄어들수록 세포의 성장률도 줄었다. 하지만 EPA나 DHA를 다시 배지에 첨가하면 다시 자라기 시작했다. 첨가된 EPA나 DHA가 세포막에 다시 끼어들어가 막의 유동성을 증가시켜 저온에서도 막의 기능을 유지하는 것으로 생각된다.

저온에 적응하기 위해 생물은
온도 변화에 따라 인지질 막의 조성을 바꿔 막의 유동성을 유지한다.
즉 막이 쉽게 겔 상태로 변하지 않도록 하는 것이다.

해빙 생태계는 추울 뿐 아니라 햇빛의 양도 적다. 식물플랑크톤인 미세조류는 광합성을 해야 생존이 가능한데, 온도가 영하로 떨어져 엽록체의 세포막이 젤 상태로 변하면 광합성이 일어날 수 없어 미세조류가 죽게 된다. 미세조류는 이런 악조건을 극복하고 어떻게 광합성을 하며 살아갈 수 있을까? 이들 미세조류는 엽록체 내부에 존재하는 틸라코이드 막의 유동성을 높이기 위해 막의 구성 성분인 다중불포화지방산 성분을 증가시킨다. 이 다중불포화지방산은 광합성의 일부 과정을 빠르게 만들어 저온에서도 광합성 효율을 높여준다고 알려져 있다.

앞에서도 설명했지만, 해빙 아래쪽은 들어오는 빛의 양이 적지만, 해빙 위쪽은 내리쬐는 빛의 양이 엄청나다. 거기에 남극의 오존층 파괴로 자외선의 양도 상당하다. 그래서 해빙 표층에 사는 미세조류들은 천연 자외선 차단제인 MAA**mycosporine-like amino acids**를 만들어낸다.

자외선은 100-400 나노미터의 파장을 가진 전자기파로 크게 세 개의 영역으로 나뉜다. 파장대별로 자외선 C 는 100~280나노미터, 자외선 B는 280~320나노미터, 자외선 A는 320~400나노미터다. 자외선 C는 가장 큰 손상을 주지만 대기권의 오존과 다른 대기 기체에 흡수된다. 자외선 B는 수 미터의 물을 투과할 수 있어 수권 생태계에 영향을 미친다. 자외선 B가 생물에 미치는 영향은 치명적인데 핵산, 단백질, 색소와 같은 분자들에 일차적으로

가시광선과 자외선

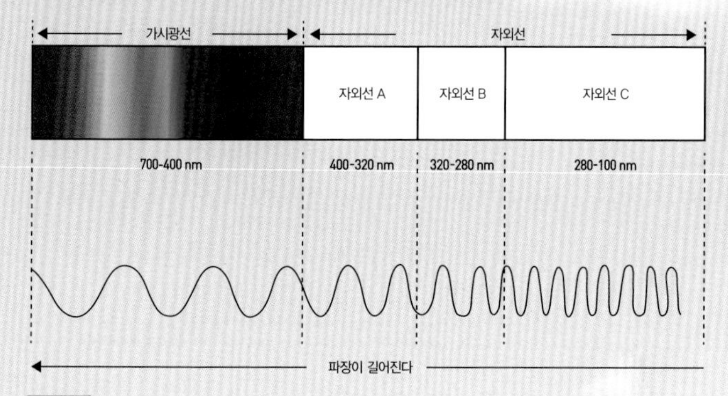

그림 3-5

자외선은 가시광선보다 파장이 짧은, 파장이 100~400nm의 빛이다. 오존층의 흡수 여부에 딸 자외선 A, B, C로 구분한다. 파장이 100~280nm의 자외선은 오존층과 대기권에 완전히 흡수되어 지표면에 도달하지 않는다. 이를 자외선 C라고 한다. 오존층에 흡수되지 않아 지표면에 도달하는 400~320nm의 파장 영역은 자외선 A라 한다. 파장이 280~320nm의 자외선은 오존층에 어느 정도는 흡수되지만 지표면에 도달하는 양도 적지 않다. 이를 자외선 B라 한다.

손상을 주고 생물체내에 활성산소를 생성한다. 최종적으로는 세포 분열과 성장을 저해하게 된다. 파장이 가장 긴 자외선 A는 대부분 지상에 도달하며 사람의 피부를 검게 만든다. 성층권의 오존층 파괴로 자외선 B가 세계적으로 증가한다는 건 잘 알려져 있다. 특히 식물 세포내의 광합성 시스템의 구성요소들에게 해롭다. 남극에서 오존파괴로 자외선 B의 증가가 다른 곳에 비해 50~100퍼센트 가량 높다. 남극 생태계의 해빙 미세조류가 이런 자외선에 굉장히 민감할 수밖에 없다.

자연계에서 가장 강력한 자외선 흡수 물질은 MAA다. 남조류, 적조, 와편모조류, 산호, 많은 해양 무척추동물에서 발견된다. 사이클로헥사논이나 사이클로헥사넨이민과 같은 발색부분이 UV 흡수를 담당한다. 약 20종 이상의 MAA가 알려져 있다.

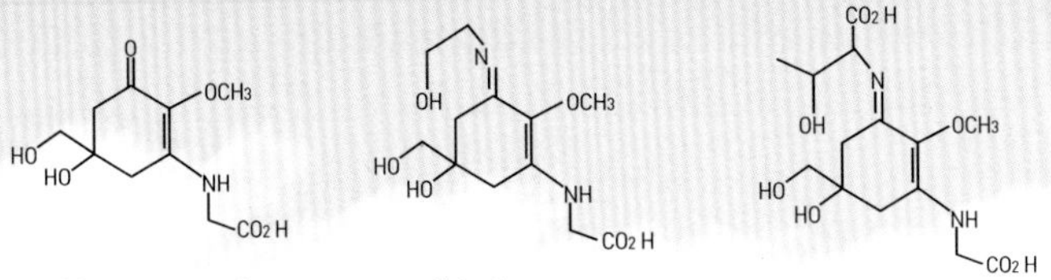

Mycosporyne-gtycin
(λ-max=330 nm)

Shinorine
(λ-max=334 nm)

10 (Porphyra-334)

그림 3-6

미세조류에서 자외선 차단 역할을 하는 MAA의 구조다. 파장이 310~340nm의 자외선을 주로 흡수하여 열을 발산한다. MAA는 모두 고리 구조를 갖고 있는데, 이 고리 구조가 자외선 흡수에 관여한다고 알려져 있다. 고리의 형태와 다른 원소(질소 등)의 참가 여부 등에 따라 흡수 파장이 달라진다. 그림에 나와 있는 물질은 아미노산으로 글리신이 결합해 있다.

녹조인 포피라 움빌리칼리스가 MAA 중 하나인 프로파이라 334**porphyra-334**, 시노린**shinorine**을 생산한다고 보고된 바 있다. 이들의 자외선 차단 능력은 인공적으로 합성한 자외선 햇빛차단

제와 비슷한 수준이다. UVB의 얼음 투과성은 비교적 높아 해빙 밑의 규조도 자외선의 영향으로부터 자유롭지 못하다. 특히 해빙 생물들은 얼음 안에 갇혀 있기 때문에 자외선의 영향으로부터 피할 수 없다. 극지 미세조류가 생산하는 MAA도 자외선으로부터 광보호 역할을 하는 것으로 보인다. MAA의 생산이 자외선이 많이 내리쬘 때 늘어나기 때문이다. 또한 MAA는 항산화제로 작용하고 삼투조절물질로 작용한다는 보고도 있었다. 자외선을 받아 생체 내에 생성된 활성산소로부터 세포를 보호하는 것으로 생각된다.

안전한 천연 물질인 미세조류 자외선 차단제는 상업적 사용이 가능할 것으로 여겨지고 있다. 화학 합성 MAA를 화장품 소재로 개발하는 것이 오스트레일리아에서 진행 중이지만, MAA나 사이토네민scytonemin과 같은 광보호 물질을 포함한 자외선 차단제는 미국에서 이미 판매 중이다

2 물이 빠져나가는 것을 막는다

온도가 영하로 내려가면 세포 주위의 물이 먼저 서서히 얼기 시작한다. 이는 세포 안쪽 보다 세포 바깥쪽 용액의 농도가 훨씬 낮아 어는점이 높기 때문이다. 물이 얼 때는 순수한 물 분자만이 얼음 결정에 결합하고 대부분의 염 및 용질들은 얼음 밖으로 빠진다. 얼음이 커지면 커질수록 남아 있는 수용액에는 용질이 농축된다. 이 현상이 세포 안과 세포 밖 용액의 농도 차이를 만들어 삼투압이 생긴다(그림 3-7 a). 즉 세포 바깥에 얼음이 먼저 생겨, 용매인 물이 줄어 용액의 농도가 높아진다. 세포 안의 농도는 그대로 인데 반해, 세포 바깥의 농도가 높아지므로 반투과성막인 세포막에서 삼투 현상이 일어나게 된다. 세포 안과 밖의 농도 차를 줄이기 위해, 농도가 낮은 세포 안의 용매, 즉 물이 농도가 상대적으로 높은 세포 바깥으로 빠져나간다. 물 분자가 많이 빠져나가고 온도가 더 낮아져 세포 내에도 물이 얼기 시작하면 세포 내 용질을 수화시키는 물도 줄어 단백질, 핵산과 같은 분자들이 서로 엉기고 침전되거나 아예 변성돼 비려 제대로 기능을 할 수 없게 된다.

세포 안과 밖의 농도 차이에 의해 삼투 현상이 생기므로, 삼투 현상을 막으려면 세포 안의 농도를 높이는 것도 한 가지 방법이다. 물이 빠져나가는 것을 막기 위해 세포는 세포질 내 수용성 용질의

(a)

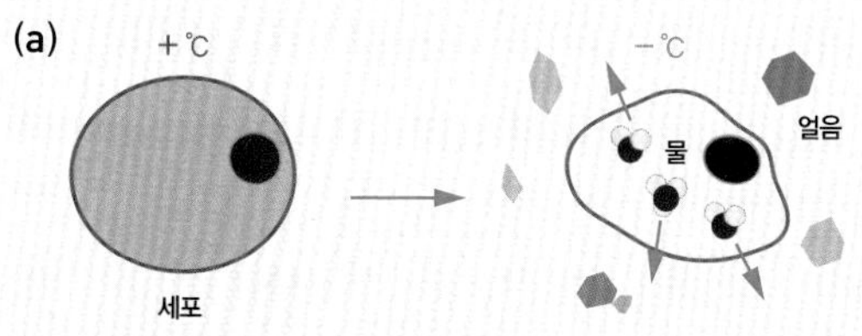

(b)

마니톨

트레할로스

베타인

글리세롤

소비톨

(c)

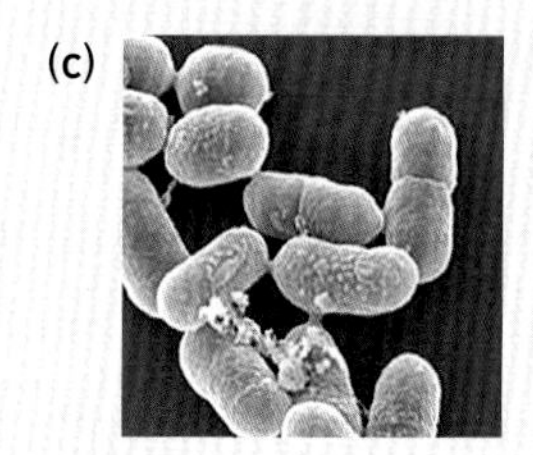

그림 3-7

(a) 얼음이 생기기 전에는 세포 안과 밖은 농도가 같아 삼투압이 생기지 않는 등장액 상태다. 즉 물의 이동이 일어나지 않는다. 하지만 물이 얼기 시작하면 얼음 결정들이 커지면서 물 분자가 없어져 세포 밖 수용액의 농도가 세포 안보다 높아지게 된다. 이렇게 되면 삼투압이 생겨 세포 안의 물 분자들이 반투과성막인 세포막을 통해 밖으로 이동하게 된다. 세포가 탈수 현상을 겪으면 부피가 줄어 쭈글쭈글해질 뿐 아니라 치명적인 손상을 입을 수도 있다.

(b) 극지 호냉성 생물들이 온도가 떨어질 때 분비하는 삼투보호 물질이다. 분자량이 작으면서 물에 잘 녹는 글리신, 프롤린, 베타인, 글리신베타인, 글리세롤, 트레할로스, 마니톨, 소비톨 등과 같은 아미노산이나 당류다.

(c) 저온 박테리아인 리스테리아 모노사이토제네스

세포 외부에 얼음이 생겨 농도가 올라가면 세포에서 물이 빠져나가는 삼투 현상이 발생한다. 그래서 극지생물은 세포 내부에 삼투보호물질을 생성, 농도를 높여 삼투에 의한 수분배출 현상을 막는다.

양을 늘려 용액의 농도를 높이는 메커니즘을 발동한다. 바로 삼투보호 물질을 생산하는 것이다. 극지 호냉성 생물들은 온도가 떨어지면 삼투보호 물질을 축적하기 시작하는데, 분자량이 작으면서 물에 잘 녹는 글리신, 프롤린, 베타인, 글리신베타인, 글리세롤, 트레할로스, 마니톨, 소비톨 등과 같은 아미노산이나 당류가 그들이다(그림 3-7 b). 이 물질들은 수산화기를 갖고 있어 물 분자와 쉽게 수소결합을 할 수 있기 때문에 물에 잘 녹는다. 이 물질들이 세포 내에 축적되면 총괄성이 증가하므로 삼투 현상을 막을 수 있으며 동시에 어는점을 낮추는 효과가 있어 세포가 어는 것을 막아준다. 또한 세포 내에 있는 다른 거대분자인 단백질, 지질, 핵산 등이 서로 엉기지 못하게 막아 안정화하는 역할도 한다. 글리신베타인은 저온에 의한 응집을 막아주고 트레할로스와 함께 생체막의 유동성 또한 최적으로 유동시켜주는 물질로 여겨지고 있다.

우리 주위에 살고 있는 호냉성 박테리아도 있다. 바로 여러분 집의 냉장고 속에 살고 있을지도 모른다. 바로 저온 박테리아인 리스테리아 모노사이토제네스다(그림 3-7 c). 이 박테리아는 식중독을 일으키는 균으로 악명이 높다. 자연계에 널리 분포하지만 특히 추위에 강해 냉장고 안에서도 자랄 수 있기 때문에 냉장, 냉동 편의 식품이 리스테리아로 쉽게 오염될 가능성이 있다. 이 리스테리아 모노사이토제네스가 낮은 온도에서도 성장할 수 있게 도와주는 것이 글리신베타인과 같은 삼투 보호물질이다.

3 추울 때는 몸에서 물을 빼버린다

체내에 얼음이 생긴 상태로 월동을 하면 얼음은 다양한 변화를 거치며 커지게 되고 결국 세포들을 파괴하게 된다. 그래서 북극 톡토기는 겨울이면 아예 몸 안의 물을 빼버린다. 북극 톡토기는 겨울에 스스로 탈수하여 몸이 언 상태에서도 얼음이 몸 속에 생기는 것을 막는다. 이를 동결보호적 탈수라 한다. 저온적응의 독특한 전략인 셈이다(그림 3-8). 이 곤충은 피부를 통해 적극적으로 체내의 물

그림 3-8
북극 톡토기는 겨울을 나기 위해 엄청난 양의 체내 수분을 증발시킨다. 수분 증발로 톡토기의 몸은 쭈그러들지만 체내에 수분이 없기 때문에 얼음이 생기지 않아 동결에 의한 손상을 최소화할 수 있다. 반대로 날이 따뜻해지면 공기 중의 수증기를 흡수해 다시 팽팽하게 부풀어오르면서 살아난다.

을 제거한다. 물이 제거된 곤충은 구겨진 종이 모양이 되는데 주위에 수분이 많아지면 다시 수증기를 흡수해 되어 몸이 부풀어 오른다. 이런 방법으로 살아가는 것이 바로 동결보호적 탈수다.

4 세포 바깥에 보호막을 만든다

극지 해빙이나 빙하에서 서식하는 극지 미세조류와 미생물은 삼투압, 수분 부족, pH 변화, 고염분, 그리고 독성물질이 존재하는 불리한 환경에 놓이게 되는데 이걸 막기 위해 세포외 다당류를 생성한다. 세포외 다당류는 글자 그대로 세포가 세포 밖으로 분비하는 다당류를 말한다. 세포외 다당류는 미생물이 항체, 독성물질, 중금속, 원생동물 및 박테리오파지 등으로부터 세포를 보호하는 보호막의 역할을 하며 수분 증발을 막고, 미생물이 이동하거나 표면에 부착할 때 이용하기도 한다. 그 외 영양분과 저분자 물질, 미량원소, 유기물질을 흡수하고 획보하는 역할을 하기도 한다.

극지미생물은 세포 외부에 다당류를 배출해 세포의 수분 배출을 막고, 세포 외부의 자극으로부터 보호하면서, 영양분과 미량원소를 흡수한다.

규조를 해빙의 염수에서 배양했을 때 고농도의 다당류를 분비하는 것으로 알려져 있다. 실제 해빙 내에서도 다당류로 덮인 규조를 쉽게 관찰할 수 있다(그림 3-9). 바다에 해빙이 형성되면 해빙 미세조류의 서식처는 액체 상태인 물에서 고체 상태인 얼음으로, 저염에서 고염으로 바뀌고, 염수통로에 용해된 물질도 저농도에서 고농도로 변한다. 세포외 다당류는 앞에서 설명한 대로 미생물을 보호할 뿐 아니라 해빙 환경을 미생물에게 유리하게 바꾸어주는 것으로 생각된다. 또 세포외 다당류가 확산 방어막으로 작용하여 염분이 들어오지 못하게 하고 글리세롤과 같은 저온충격 보호물질을 규조 가까이 두려는 것으로 생각할 수도 있다. 더 많은 연구가 필요하지만 현재까지의 결과로도 다당류는 저온적응에 매우 중요한 세포외 요소라는 것을 알 수 있다.

우리가 쉽게 볼 수 있는 세포외 다당류가 있다. 충치의 주 원인균인 스트렙토코커스 뮤탄스, 이 균은 치아의 표면에 세균막을 형성해 증식하면서 치아를 썩게 만든다. 이 균은 글루칸이라는 세포외 다당류를 분비하여 세균막을 형성하여 세균이 자라게 한다.

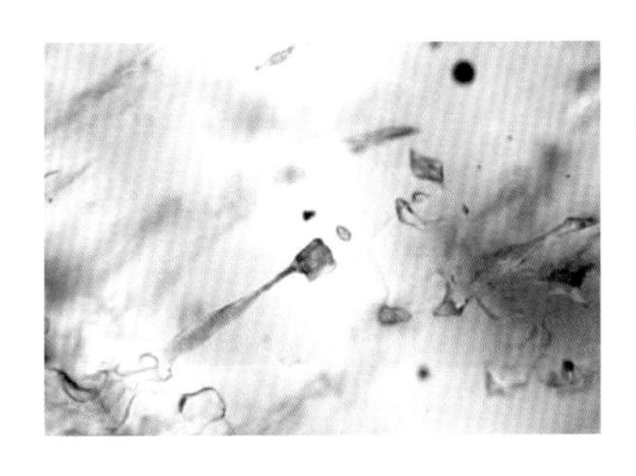

그림 3-9
알래스카 연안 해빙의 미세조류의 서식처에서 유기물질을 파란색으로 염색한 것이다. 파란색으로 염색된 젤과 같은 세포외 다당류가 작은 사각형 구멍에 모여있는 미세조류를 둘러싸고 있다. 세포외 다당류는 부동액 역할을 한다.

5 갑작스런 추위에 의한 단백질 변성을 막는다

극지는 일교차가 크고 계절 변화가 빠르다. 온도가 급격히 떨어지면 생물들은 저온 충격을 받는다. 날씨가 너무 더워지면 우리 몸이 열을 받는 것과 같은 이치다. 저온 충격에는 앞에서 언급한 세포막의 유동성 감소, 탈수 현상, 단백질의 저온 변성 등이 포함한다. 극지 생물은 이런 저온 충격을 완화하기 위해 체내에 저온 충격 반응을 유도한다. 이 때 세포에서 만들어지는 단백질 중 대표적인 것이 저온충격단백질이다.

온도가 급격하게 떨어지면 생체도 저온충격을 받는다. 세포막의 유동성이 감소하고, 탈수현상과 단백질 변성이 일어난다. 극지생물은 저온충격에 의한 단백질 구조 변화를 막기 위해 저온충격단백질을 생산한다.

온도가 낮아지면 분자들은 운동에너지가 떨어져 안정한 구조를 취하려 한다. 세포 속의 전령 RNA도 마찬가지다. 전령 RNA는 유전물질인 DNA로부터 전사된 유전정보를 암호화하고 있는 RNA로 단백질 합성 공장인 리보솜에 운반되어 단백질 합성에 참여한다. 쉽게 말하면 전령 RNA는 단백질 합성의 설계도다. 이 전령 RNA는 단일 가닥으로 되어 있는데 온도가 내려가면 더욱 안정적인 2차 구조를 형성한다(그림 3-10). 전령 RNA는 2차 구조가 덜 형성될 때 리보솜에서 잘 읽힌다. 그런데 RNA가 안정적인 2차 구조를 만들면 리보솜이 유전정보를 제대로 읽어 낼 수 없어 단백질 생산이 중단된다.

이렇게 전령 RNA가 2차 구조를 갖는 것을 막기 위해 만들어지는 단백질이 바로 저온충격단백질이다. 이 단백질은 단일 가닥의 전령 RNA에 결합하여 2차 구조 만드는 것을 방해하여 유전정보가 효과적으로 해석될 수 있게 도와준다.

극지 생물의 단백질도 추위에 취약하다. 단백질蛋白質을 한자로 풀어보면 새알蛋에 들어 있는 흰 물질이라는 뜻으로 달걀의 흰자위를 의미한다. 단백질은 생체 내에서 무수하게 많은 일을 한다. 그래

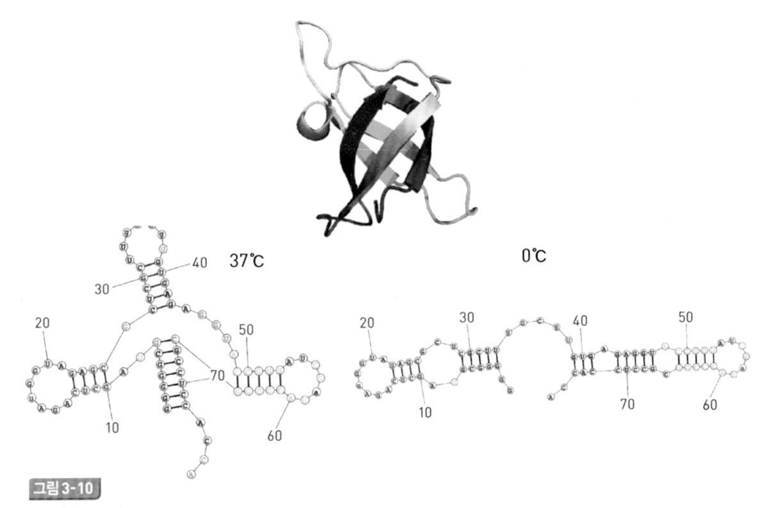

그림 3-10

대장균의 저온충격 단백질은 온도가 낮아질 때 발생하는 RNA의 2차구조 생성을 억제하여 단백질 발현이 가능하게 한다.
아미노산 배열이 같은 RNA가 온도에 따라 그 구조가 크게 달라지는 것을 알 수 있다. RNA 구조의 변화는 단백질의 발현과 직접적인 관련이 있다. 위 그림은 RNA 2차 구조 예측 웹서버Web Servers for RNA Secondary Structure Prediction를 이용하여 예측하였다.

단백질의 모양 혹은 구조가 단백질이 어떤 일을 하는지를 결정한다. 즉, 단백질의 구조가 기능을 결정한다.

서 단백질을 분자기계라고 부르기도 한다. 단백질은 모두 고유한 모양 혹은 구조를 갖고 있다. 이 구조가 기능을 결정한다. 야구 글러브를 단백질에 비유해보자. 야구 글러브의 구조는 야구공을 받기에 최적화되어 있다. 만약 야구 글러브가 권투 글러브나 호랑이 앞발처럼 생겼다면 야구공을 제대로 받을 수 없을 것이다.

대부분의 단백질은 안정된 구조를 가까스로 유지하고 있다. 그래서 외부의 환경이 조금만 달라져도 쉽게 변화가 일어난다. 단백질이 산소운반이나 면역, 근육수축과 같은 고유의 기능을 수행하기 위해서는 아미노산 배열이 각종 형태로 접혀 3차원적 구조를 만들어야 한다. 그런데 이런 접힘 구조가 열이나 저온과 같은 외부 환경 변화에 의해 풀리게 되면 그런 기능을 수행할 수 없게 된다. 이런 상태를 변성denaturation이라고 한다.

이렇게 단백질이 변성되는 요인은 여러 가지가 있지만 대표적으로 열, 저온, 화학물질, pH 등이 있다. 단백질은 열에 굉장히 취약하다. 열에 쉽게 변성이 된다는 말이다. 따라서 열을 받게 되면 단백질들의 모양 혹은 구조가 바뀌어 제 기능을 하지 못하게 되고 결국 생명체에 치명적인 상황을 초래한다. 단백질을 포함한 모든 분자들은 주어진 온도에서 가장 안정한 형태, 즉 에너지가 낮은 형태

극지 생물은 저온 충격을 완화하기 위해
체내에 저온 충격 반응을 유도한다.
이 때 세포에서 만들어지는 단백질 중 대표적인 것이
저온충격단백질이다.

의 구조를 취하려고 한다. 따라서 열 변성은 직관적으로 이해가 될 수 있다. 하지만 저온 변성은 직관적으로 이해가 쉽지 않다. 왜냐하면 대부분의 시스템이 낮은 온도에서 안정화되기 때문이다. 단백질의 저온 변성은 연구가 많이 되지 않은 영역이라 아직 하나의 이론으로 설명하기가 쉽지 않은 주제다.

그래도 상당히 단순화시켜 정리한다면, 보통 물과 무극성 분자는 상온에서 서로를 꺼리기 때문에 멀리 하는 게 열역학적으로 안정하다. 이런 원리로 세포막이 형성된다고 앞에서도 언급한 바 있다. 온도가 떨어지면 상황은 약간 달라진다. 물과 무극성 분자들 간

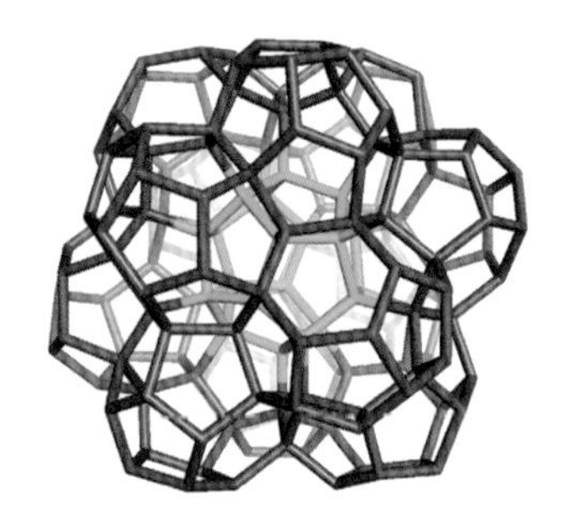

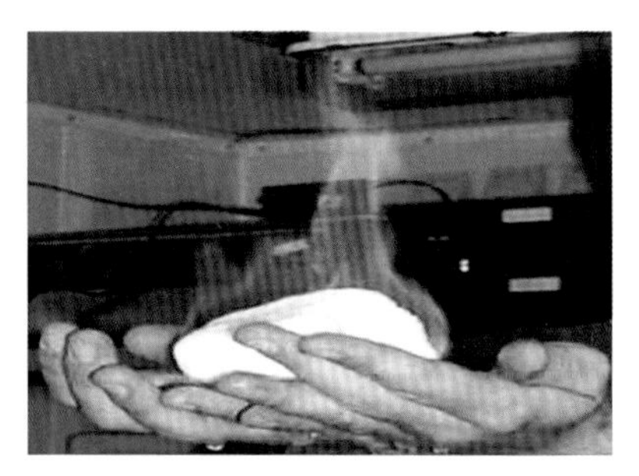

그림 3-11

격자 형태의 공간에 다른 분자를 포함하고 있는 구조를 클라스레이트라고 한다. '불타는 얼음'이라고 알려진 메탄하이드레이트는 물 분자가 얼어 만들어진 격자에 메탄 분자가 들어 있는 대표적인 클라스레이트 화합물로 저온, 고압에서 형성된다. 그림에서 물 분자의 산소는 붉은색으로, 메탄의 탄소는 초록색으로 나타냈다.

의 결합이 상온보다는 훨씬 더 쉽게 일어날 수 있게 된다[6]. 대표적인 예가 불타는 얼음으로 잘 알려진 가스 하이드레이트다(그림 3-11). 소수성인 메탄은 물과 친하지 않아 상온에서 물 1킬로그램에 고작 20 밀리그램 정도 밖에 녹지 않는다(같은 소수성 용매인 헥산에는 같은 조건에서 물에 비해 50배 가량 더 녹는다). 하지만 온도가 내려가면 메탄의 용해도가 증가한다. 온도가 내려가면 물 분자들이 클러스터(새장 같은 모양)를 형성하여 메탄과 같은 소수성 분자들을 클러스터 안에 쉽게 넣을 수 있게 된다.

단백질을 구성하는 아미노산 중 소수성 아미노산은 단백질의 안쪽에 많이 위치한다. 물을 싫어하기 때문이다. 온도가 내려가면 소수성 상호작용으로 뭉쳐 있던 소수성 아미노산 사이에 물 분자가 끼어들기 쉬워진다. 물 분자가 끼어들면 소수성 아미노산 간의 상호작용이 약해져 단백질의 변성을 초래한다. 단백질의 구조가 망가지면 기능도 상실하기 때문에 결국 생명체는 살 수 없게 된다. 그래서 온도가 낮아지게 되면 극지 생물들은 단백질의 저온 변성을 막기 위해 샤페론이라는 단백질을 만들어낸다. 샤페론은 단백질의 접힘을 도와 원래 구조를 유지하도록 도와주는 단백질을 일컫는 말이다.

아미노산들이 펩티드 결합으로 연결된 것을 폴리펩티드라 하는데, 단백질은 단일 폴리펩타이드 또는 여러 개의 폴리펩타이드가 결합하여 이루어진 생체 고분자다. 생체 내에서 만들어진 단백질은 아미노산들이 실처럼 연결된 가다이 중간중간에 접혀 각각 고유한 모양 혹은 구조를 가지고 있고, 그 모양이 단백질의 기능을 결정한다.

생화학의 핵심 주제 중 하나는 바로 '구조가 기능을 결정한다'는 것이다. 특정한 기능을 하기 위해서 특정한 구조가 필요하다는 말이다. 어떤 단백질은 효소로서 생체 화학반응에 참여하기도 하고 산소를 운반하는 역할, 근육의 수축과 같은 물리적 역할, 유전 정보의 해석, 호르몬, 항체 등의 기능을 수행한다. 각 단백질마다 기능에 맞는 구조를 가지고 있다.

그렇다면 도대체 그 구조는 무엇이 결정하는가? 바로 단백질을 구성하는 아미노산들의 순서다. 마치 목걸이 줄 위에 구슬이 연결된 이미지를 상상한다면 단백질의 구성을 이해하기 쉬울 것이다. 총 20 가지의 아미노산들이 다양한 조합을 이루어 각종 단백질을 만들어 내는 것이다. 이를 아미노산 서열 혹은 단백질의 1차 구조라 부르는데, 아미노산의 연결 순서와 개수가 정해지면 이 서열에 따라 삼차원 공간에서 단백질의 구조(3차 구조)가 결정이 된다. 또 이 구조가 기능을 결정하게 된다. 3차 구조를 자세히 뜯어보면 반복적으로 나타나는 일정한 지역적 구조가 있다는 것을 알게 되

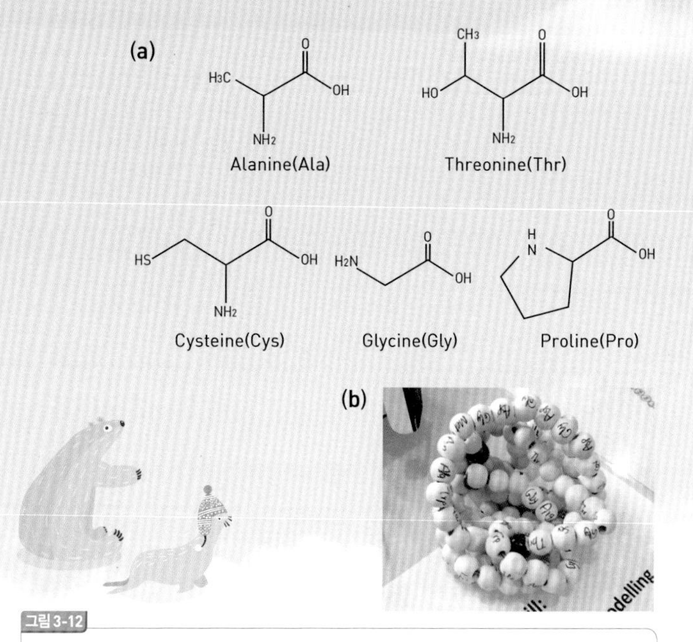

그림 3-12

(a) 아미노산은 아민기-NH_2와 카르복시기-COOH에 곁사슬이 있는, 생명체에 필수적인 유기 화합물이다. 그 중 일부를 나타냈다. 알라닌은 곁사슬R-로 메틸기CH_3-가 붙어있고, 트레오닌에는 수산화기OH-, 시스테인에는 설프히드릴SH-가 붙어있다. 이 책의 내용과 관련이 있는 일부 아미노산을 나타냈다.

(b) 아미노산이 구슬처럼 연결되어 꼬이고 접혀 장갑과 같은 3차원의 형상을 나타내고 있다. 이 단백질의 3차원 구조에 따라 기능이 결정된다.

는데 이를 2차 구조라 한다. 나선형의 알파 나선 구조와 평평한 베타 판 구조가 가장 흔한 2차 구조다.

6 극지생물은 얼음도 이겨낸다:
얼음이 생기지 않게 하거나, 얼음이 생겨도 참거나

극지 생물들은 앞에서 소개한 방법을 사용하여 저온에 적응해 왔다. 이제까지 알아본 생물의 저온적응 전략은 크게 동결회피와 동결내성으로 구분할 수 있다.

동결회피 전략은 글자 그대로 체액이 얼지 않게 하는 것으로, 체액을 과냉각시켜 얼음이 생기지 않게 하는 것을 말한다. 여기서 과냉각이란 세포 주위의 수온보다 체액의 어는점이 낮은 상태를 말한다. 그렇다면 과냉각을 할 수 있는 방법은 어떤 것일까? 앞서 소개한 방법 중에서 지질의 구성 성분을 바꾸거나, 삼투물질을 생산하거나, 세포 외부에 다당류를 만들어내는 것이다. 다시 말해 당이나 당알코올 등의 탄수화물을 체중의 약 20퍼센트 가까이 되는 고농도로 만들어 어는점을 낮추는 것이다. 동결회피 곤충의 경우 글리코겐을 글리세롤로 분해해 체내에 고루 분포시켜 체액의 어는점을 낮춘다. 이때 글리코겐 분해속도는 동결회피 곤충이 동결내성 곤충보다 무려 다섯 배 가까이 높았다. 또 다른 방법은 얼음결정이 생기더라도 그 결정이 더 이상 자라지 못하게 억제해 과냉각 상태를 유지하는 방법인데, 이때 결빙방지단백질이 활용된다. 결빙방

극지생물이 얼음을 이겨내는 방법은 동결회피와 동결내성 두 가지다. 동결회피는 얼음이 생기지 않게 하거나 생기더라도 성장을 최대한 억제하는 것. 동결내성은 얼음이 생기더라도 생명활동을 조절해 참아내는 것을 말한다.

지단백질은 뒤에서 자세히 다룰 것이다. 동결회피 종은 얼음핵도 제거한다. 얼음핵이란 얼음 생성을 유발할 수 있는 모든 입자를 말한다. 그래서 심지어 먹이를 먹지 않고 장을 비워 얼음핵으로 작용할 만한 입자들이 생기지 않게 하기도 한다.

동결내성 전략은 세포나 조직에 얼음이 형성되더라도 살아남을 수 있는 것을 말한다. 주로 세포 외부의 공간 즉, 식물의 전세포벽* 이나 곤충의 세포외 공간 등에 있는 체액에서 얼음 성장을 조절하여 세포질을 액체 상태로 유지한다(그림 3-13). 많은 미생물, 식물, 동물들이 이런 방법으로 겨울을 나는 것으로 알려져 있다. 앞서 소개한 용질생산, 능동적 탈수, 특이한 단백질 생산 등을 통해서도 물론 동결을 이겨낸다. 대부분의 동결내성 생물들은 동결회피 생물과는 달리 체액을 지나치게 과냉각시키지 않고 어는점 부근의 온도에서 얼음이 서서히 얼도록 유도한다. 얼음이 천천히 얼게 하여 저온에 맞춰 대사활동을 바꾸고 적응할 수 있는 시간을 벌 수 있다. 얼음이 어는 곳을 주로 세포나 주요 장기의 바깥쪽으로 한정하여 세포 안의 물은 얼지 않게 한다. 그렇게 하면 앞에서 설명한 삼투 현상을 유도하게 되어 세포 내 얼음 생성을 막을 수 있다. 세포

* 살아있는 원형질체 이외의 나머지 부분으로 식물의 한 개체 혹은 개체의 일부에서 물이 자유롭게 이동할 수 있는 세포벽으로 이루어진 체제를 말한다.

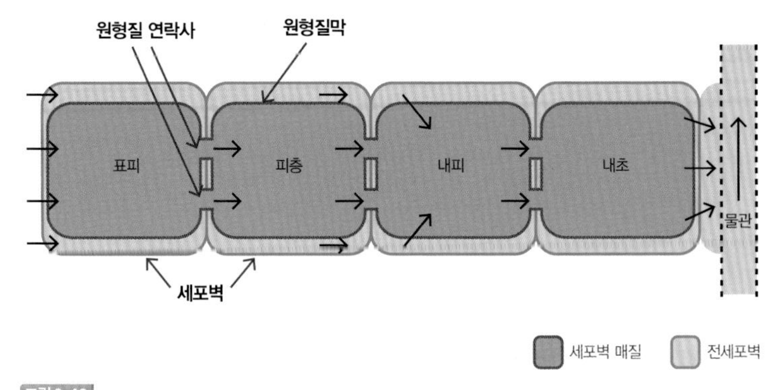

그림 3-13

식물 뿌리의 구조. 검은 색 화살표는 물이 흐르는 방향을 나타낸다. 얼음이 어는 전세포벽 은 세포 사이 공간으로 물이 가장 먼저 어는 곳이다.

바깥에 얼음을 만들기 위해 빙핵제 역할을 하는 단백질이나 지질 단백질을 생산하여 얼음이 생성되게 한다. 또한 저분자량의 당류를 체내에 축적하여 세포가 주위의 얼음에 의해 줄어드는 걸 막아주고, 중요한 생체 고분자들을 안정화시킨다. 남극 선충류인 파나그롤라이무스 다비디도 동결내성을 보이며 섭씨 -80도까지 생존할 수 있다. 유럽에서 가장 흔한 도마뱀인 라세르타 비비파라는 몸의 50퍼센트가 얼어도 최소 24시간은 버틸 수 있다고 한다. 어류, 포유류, 조류에서 동결내성을 보인다는 보고는 현재까지 없다.

얼음이 생기지 않게 하는 결빙방지단백질

남극에 겨울이 닥쳐 날이 한층 추워지면, 바다에는 얼음이 두텁게 덮이기 시작합니다. 그러면 이제 그곳에는 물고기들의 흔적을 찾을 수 없게 됩니다. 단 한 종류만 빼고요. 너무 추워 모든 물고기들이 죽거나 떠난 이 곳에서, 이 물고기는 어떻게 살 수 있었을까요? 그들은 이런 추위에도 살아남을 수 있는 나름의 삶의 방식을 만들어냈죠. 바로 결빙방지단백질을 만들어 몸 안에 얼음이 생기지 않게 한 것입니다. 섭씨 −1.9도의 바닷물에서도 얼지 않고 유유히 헤엄치는 물고기, 그 물고기에서 뽑아낸 단백질을 이제는 줄기세포와 혈액을 보존하는 무독성 냉동보호제로 사용하려고 한창 연구 중입니다.

곰 세 마리가 얼음 위에 앉아,
몸 안에 유전자가 들어있는 물고기 한마리를 들여다보고 있다.

1 물고기 피에는 얼음이 생기지 않게 하는 물질이 있다

남극이나 북극 해빙 아래 바닷물 온도는 얼마나 될까? 섭씨 -1.9도. 그런데도 이 바닷물은 얼지 않는다. 물 속에 다량의 염이 녹아 있기 때문이다. 다시 말해 극지의 바닷물은 과냉각되어 있는 셈이다. 그렇다면 이 과냉각된 바닷물에 담수를 넣은 조그만 병을 담가두면 어떻게 될까? 시간이 지나면 병 속의 물은 꽁꽁 얼어버릴 것이다. 그렇다면 금방이라도 얼어버릴 것 같은 차디찬 바다에서 극지 물고기들은 어떻게 얼지 않고 유유히 헤엄치며 살아가는 걸까? 분명 물고기의 피는 병 속의 물처럼 -1.9도에서 꽁꽁 얼어버릴 텐데 말이다. 1950년대 미국 우즈홀 해양연구소의 퍼 프레드릭 숄랜더 박사가 이런 질문을 던졌다. 하지만 그는 얼음이 얼지 않게 하는 물질이 있을 거라 추측은 했지만 실험으로 증명하지는 않았다. 얼마 후 이 질문의 내답을 찾아나선 젊은이가 있었다.

1960년대 중반 미국 스탠퍼드 대학의 젊은 대학원생 아서 드브

그림 4-1

남극 맥머도 기지 앞의 해빙에 낚시용 얼음 구멍을 내고 물고기를 낚고 있는 아서 드브리(2012년 모습). 20대부터 지금까지 약 50년간 남극을 수십 차례 다녀왔으며 현재도 여전히 연구하고 있다.

리(그림 4-1)가 바로 그였다. 그 역시 극지의 물고기가 얼지 않는 걸 이상하게 생각했다. 그는 직접 해답을 찾아보기로 했다. 1969년 드브리는 남극연구 프로그램에 지원하여 남극 맥머도 기지에서 수 개월간 남극 물고기들을 채집하며 연구에 몰두했다.

남극 물고기의 혈액을 뽑아 그 안에 들어있는 성분들을 나눠 실험을 진행했다. 혈액 침전물을 분리해내고 액체 성분인 혈장의 어는점을 측정하니 섭씨 -0.7도였다(그림 4-2). 바닷물의 온도가 -1.9도인데, 물고기 혈장의 어는점은 -0.7도. 그럼 혈액은 얼어야 하지 않을까? 하지만 물고기의 혈액은 섭씨 -0.7도보다 낮은 -1.9도에서도 얼지 않았다[7]. 혈장에 녹아있는 물질만으로는 어는점을

-1.9도까지 낮출 수 없었던 것이다. 다시 말해, 혈액에 들어있는 염에 의한 어는점 내림 효과 외에 물고기 혈액의 어는점을 낮추는 다른 요인이 있었던 것이다. 그는 혈장이 아니라 혈액 침전물 중 어떤 물질이 물고기의 어는점을 더 낮추는 역할을 한다고 생각했다.

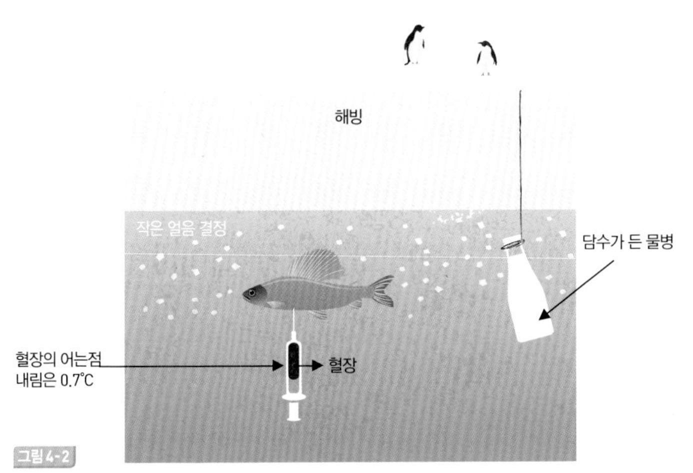

그림 4-2

해빙 아래 바닷물에는 작은 얼음 결정들이 있다. 바닷물의 수온은 -1.9℃로 물의 어는점보다 낮다. 따라서 담수를 병에 담아 바닷물에 담그면 얼마 지나지 않아 얼음이 생성된다. 물고기의 피도 마찬가지로 꽁꽁 얼어버릴 것 같지만 실제로는 그렇지 않다. 또 아가미와 입을 통해 바닷물 속에 있는 마이크로 크기의 얼음 결정이 물고기의 몸 속으로 들어가기도 하지만 물고기는 얼지 않는다. 그 이유는 바로 물고기의 혈액에 결빙방지단백질이 있기 때문이다.
물고기 혈액의 각종 염을 포함한 여러 성분들이 어는점을 약 0.7℃ 낮춘다. 여기에 결빙방지단백질이 추가로 1.2℃ 정도 어는점을 낮춘다. 이렇게 되면 물고기는 얼지 않고 살 수 있다.
때때로 우리나라 겨울철에 바다 물고기가 얼어 죽었다는 기사를 접할 때가 있다. 그 이유는 우리나라 인근의 따뜻한 바다에 서식하는 물고기는 결빙방지단백질을 갖고 있지 않기 때문이다. 그래서 이상 기후로 갑작스런 한파가 몰아치면 물고기가 쉽게 얼어 죽곤 한다.

극지 물고기의 혈액은 0℃이하의 바닷물에서도 얼지 않는다. 혈액에 존재하는 단백질이 어는점을 낮춰 얼지 않는 것이다.

그래서 침전물을 분리하여 하나씩 물고기의 혈장에 첨가해보았고, 어떤 물질을 넣었을 때 혈장의 어는점이 섭씨 -2도까지 떨어졌다. 바로 그 물질이 약 섭씨 1도 가까이 어는점을 낮추었던 것이다. 물고기가 얼지 않는 이유를 확인하는 순간이었다. 이 성분을 분석해 보니 아미노산과 약간의 당 성분으로 이루어져 있었다. 그는 이 물질을 결빙방지당단백질이라 불렀다.

만약 결빙방지단백질 없이 수온이 섭씨 0도 아래로 내려가 혈액이 얼면 어떻게 될까? 먼저 적혈구 등 세포의 바깥에 얼음이 먼저 생길 것이다. 그렇게 되면 물이 줄어 세포 바깥쪽의 용질이 농축되고 세포 내부의 물이 삼투 현상으로 빠져나가 세포는 쭈그러들 것이다. 거기에 세포 바깥의 얼음이 커지게 되면 세포들이 얼음에 눌려서 터지거나 찢어지기도 하고 날카로운 얼음에 찔려 세포막이 손상을 입기도 할 것이다. 물이 든 컵에 얼음을 넣으면 얼음이 갈라지면서 '쩍'하는 소리가 나는 것을 들은 적이 있을 것이다. 이처럼 얼음에 열적 변화가 있으면 같이 얼어있는 세포도 얼음이 갈라지면서 함께 찢어지는 동결손상을 입게 된다. 따라서 이런 현상을 막기 위해서라도 얼음이 생기지 못하게 하거나 아니면 어느 정도 이상 크지 못하도록 막을 필요가 있다. 따라서 얼음이 얼면 생물이 제대로 살 수 없기 때문에 해결책을 만들어 냈고 그 중 하나가 결빙방지단백질이다.

이 단백질은 자동차의 부동액과 같은 역할을 한다. 자동차의 부동액은 엔진 냉각수에 첨가하는 에틸렌글리콜을 말하는데 겨울철 엔진 냉각수가 어는 것을 막아준다. 엔진 냉각수로 물을 사용한다면 한겨울에 기온이 영하로 떨어질 때, 냉각수가 얼어 자동차를 운전할 수 없게 된다. 겨울철 수도관이 얼어서 터지는 경우가 있는데, 그와 마찬가지로 자동차의 파이프도 얼어터질 것이다. 그래서 자동차는 부동액으로 어는 점이 낮은 에틸렌글리콜을 사용한다. 에틸렌글리콜의 어는점은 섭씨 -12.9도다. 바로 이렇게 액체가 얼지 않도록 하는 부동액과 같은 역할을 하는 물질이 바로 결빙방지단백질*이다.

아서 드브리는 그 이후 결빙방지단백질에 매료되어 평생을 결빙방지단백질 연구에 몰두하고 있다. 그 결과 남극과 북극의 물고기

* 이 책에서는 부동당단백질anti-freeze glycoprotein과 그 밖의 얼음의 성장을 막아주는 단백질을 통틀어 결빙방지단백질이라고 부를 것이다. 물고기의 경우 부동단백질은 혈액이 얼지 않게 하는 부동의 역할을 하지만 그 밖의 많은 경우에 결빙방지단백질이 발견되는 생물이나 환경에서 반드시 부동의 역할만 하는 것은 아니다. 그래서 요즘은 얼음결합단백질ice-binding protein이라고 부르려는 국제적 움직임도 있다. 하지만 이 책에서는 극시언구소에서 지금까지 결빙빙지단백질이라고 불러왔고 또 아직 국제적으로 약속된 용어가 없으므로 이 이름을 사용한다.

혈액에서 총 네 가지의 서로 다른 결빙방지단백질을 발견하였다. 지금까지 발견된 어류의 결빙방지단백질은 I, II, III, IV 형과 결빙방지당단백질이다(표 4-1)[8].

I형 결빙방지단백질은 겨울 도다리나 짧은뿔 꺽정이 등의 물고기에서 발견되었다. 발견된 물고기마다 조금씩 다른 아미노산 조성을 갖고 있지만 가장 많이 연구된 도다리의 결빙방지단백질은 총 37개의 아미노산을 갖고있고 전체가 알파 나선 구조를 하고 있다. 총 37개의 아미노산 중 23개가 알라닌으로 구성되어 있다. 뒤에서 다시 언급하겠지만 얼음과 결합하는 아미노산은 주로 트레오닌이며 이 아미노산이 일정한 간격을 두고 거의 같은 위치에 나타나는 특징이 있다.

II형 결빙방지단백질은 청어, 빙어, 삼세기류의 물고기에서 발견되었다. II형 단백질은 크기가 크며 여러 개의 시스테인 아미노산을 가지고 있고, 이들 간에 이황화결합을 형성하여 안정적인 공 모양 구조를 하고 있다. 이 단백질의 경우에도 트레오닌과 다른 아미노산들이 얼음결합 부위를 형성한다.

III형 결빙방지단백질은 남극 등가시치에서 가장 먼저 발견되었는데 공 모양 구조를 하고 있다. II형과 마찬가지로 트레오닌 아미노산을 중심으로 다른 아미노산들이 모여 만들어진 평평한 구조에 얼음과 결합하는 것으로 관찰되었다.

	결빙당단백질	Ⅰ형 결빙방지단백질	Ⅱ형 결빙방지단백질	Ⅲ형 결빙방지단백질	Ⅳ형 결빙방지단백질
유래	*pagothenia borchgrevinki*	*Pseudopleuronectes americanus*	*Clupea harengus Brachyopsis rostratus*	*Macrozoarces americauus*	*Myoxocephalus octodecimspinosis*
분자량 (아미노산 개수)	3-24 kDa (31)	3-5 kDa (37)	14-24 kDa (147~168)	7 kDa (66)	12 kDa (128)
2차 구조	나선구조	α-나선구조	α-나선구조와 β-판구조	α-나선구조와 β-판구조	α-나선구조
서열상 특징	알라닌-알라닌-트레오닌 반복 단위에 당이 결합된 구조	알라닌이 풍부	구형 단백질, C-형 렉틴 (당결합단백질)과 구조 유사	구형단백질 β-판구조 풍부	4개의 나선구조
결빙방지활성 (온도이력)	1.2℃ (35mg/ml 농도에서)	0.91℃ (7mM 농도에서)	0.2~0.6℃ (0.2mM 농도에서)	0.6℃ (0.5mM 농도에서)	0.5℃ (2mM 농도에서)

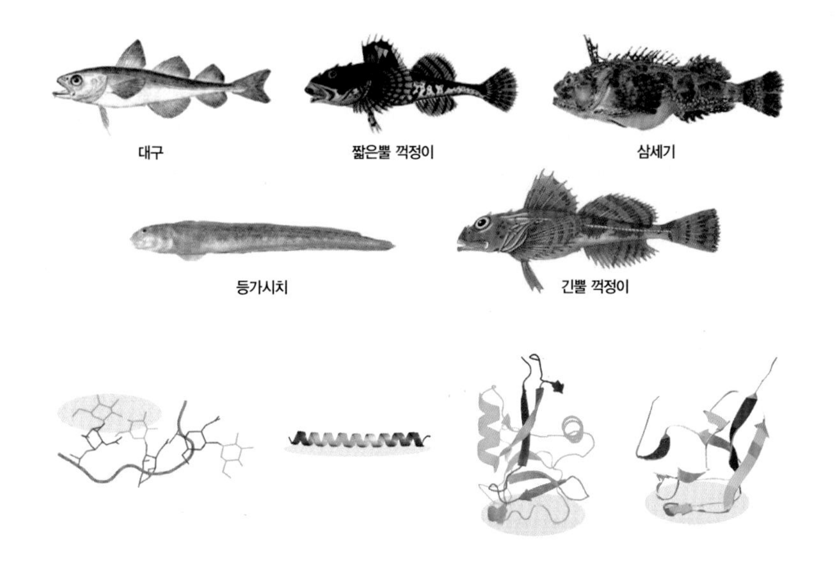

표 4-1 물고기 결빙방지단백질의 종류와 특징이 나와 있다. 이들 결빙방지단백질은 그 생김새가 모두 다르다. 하지만 그들의 기능은 얼음 성장 억제로 똑같다. IV형 결빙방지단백질의 구조는 아직 밝혀지지 않았다. 음영으로 표시한 곳은 얼음 결합 부위다.

IV형 단백질은 긴뿔 꺽정이에서 발견되었는데 결빙방지 활성, 즉 어는점을 낮추는 능력이 워낙 미미해 결빙방지단백질로서 기능을 하는지 아니면 밝혀지지 않은 다른 기능을 하는지 아직 분명치 않다.

결빙방지당단백질은 남극 빙어와 북극 대구에서 발견되었는데 이 당단백질은 '알라닌-알라닌-트레오닌'의 조합이 수 차례에서 수십 차례 반복된 구조를 하고 있고 단백질의 크기도 다양하다. 그리고 트레오닌 아미노산에는 두 개의 당(갈락토스와 갈락토스아민로 구성된 이당류)이 결합해 있다. 이 당이 결빙방지 활성에 중요한 역할을 하는 것으로 밝혀졌다.

그런데 극지의 물고기에만 결빙방지단백질이 있는 걸까? 아니다. 다양한 호냉성 생물에서 결빙방지단백질이 발견되었다. 호밀, 귀리, 당근, 보리와 같은 식물과 곰팡이류, 효모, 곤충, 해빙 미세조류와 박테리아 등에서 현재까지 발견된 결빙방지단백질이 약 1750여 가지에 달한다. 최근 크게 발전한 유전자염기서열분석법 더분에 알려진 결빙방지단백질의 유전자수는 많지만, 실제 연구된 단백질은 아직 10여 종에 불과하다. 물고기 이외의 생물에서 발견된 결빙방지단백질은 물고기의 결빙방지단백질과는 그 모양(구조)이 서로 다르다(그림 4-3).

그런데 재미있는 것은 이들 최근에 발견된 단백질들이 모두 서

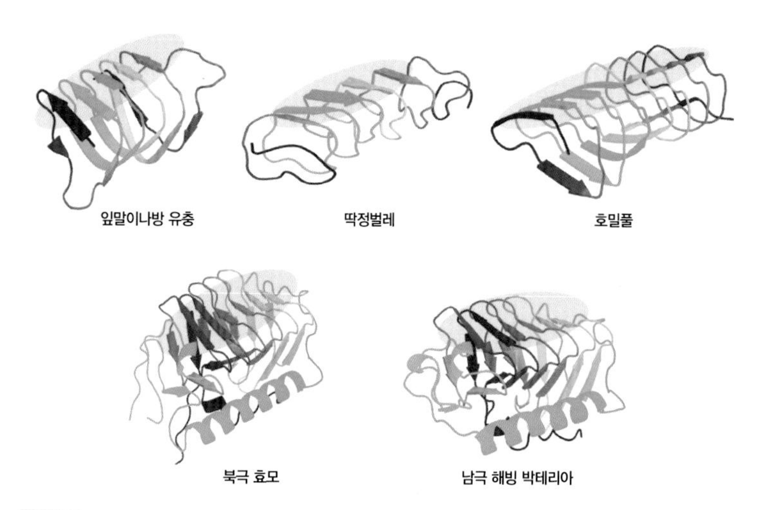

그림 4-3

물고기 이외의 생물에서 발견된 결빙방지단백질의 3차 구조 모습이다. 가문비나무의 잎을 갉아먹는 잎말이나방 유충의 결빙방지단백질, 딱정벌레의 결빙방지단백질, 독보리속 호밀풀의 결빙방지단백질, 북극 효모의 결빙방지단백질, 남극 해빙 박테리아의 결빙방지단백질이다. 물고기의 단백질과는 달리, 서로 유사한 β-나선 구조(β 판이 나선을 이루고 있다)를 하고 있다. 음영으로 표시한 곳은 얼음 결합 부위다.

로 비슷한 모양을 하고 있다는 점이다. 현재까지 연구된 결빙방지단백질은 단백질의 구조와 기능, 또는 발견된 생물군에 따라 물고기의 I, II, III, IV 형과 결빙방지당단백질, 곤충의 결빙방지단백질, 곰팡이의 결빙방지단백질 등으로 나눈다. 그림에 나타난 것처럼 결빙방지단백질들은 다양한 3차 구조를 하고 있지만 같은 기능, 즉 얼음 결정에 결합하여 얼음의 성장을 막는 기능을 한다는 점이 정말 흥미롭다. 본격적으로 결빙방지단백질의 구조와 기능을 알아보기 전에 어떻게 이 단백질이 어는점을 내리는지 그 메커니즘을 먼저 살펴보자.

2 얼음에 붙어 얼음의 성장을 막는 결빙방지단백질

아서 드브리는 결빙방지단백질에 대한 연구로 박사 학위를 받는다. 그리고 이 단백질이 어떻게 어는점을 낮추는지 알고 싶었다. 소금이나 설탕 같은 물질을 물에 많이 넣을수록 용액의 어는점은 낮아진다. 앞에서 설명한 총괄성 효과다. 그러나 결빙방지단백질은 적게 넣든 많이 넣든 용액의 어는점을 낮추는 능력은 크게 차이가 나지 않는다. 이런 경우에 결빙방지단백질은 "비총괄적" 특성을 나타낸다고 말한다.

어는점을 낮추려면 용질(소금이든 단백질이든)을 많이 넣어주면 되는 것으로 생각했는데 이 결빙방지단백질은 익히 알고 있던 용액의 총괄성과는 다르게 행동하니 그 기본 원리가 무엇인지 밝히고 싶었던 것이다. 아서 드브리는 이 해답을 찾기 위해 미국 스크립스 해양연구소에서 생물물리학을 연구하고 있던 제임스 레이몬드(그림 4-4)와 함께 단백질이 어는점을 어떻게 내리는지 그 메커니즘을 연구하기 시작했다.

5년여에 이르는 연구 끝에 두 사람은 단백질이 얼음결정에 결합

그림 4-4

제임스 레이몬드. 미국 네바다 대학의 연구교수로, 극지 생물의 환경 적응과 관련된 생리적, 생화학적 연구를 하고 있다.

하여 얼음의 성장을 막는다는 내용의 논문을 1977년 발표한다[9]. 단백질이 어는점을 낮추는 메커니즘은 용질 입자의 개수 증가로 인한 총괄성과는 분명히 달랐다.

수용액의 물 분자들은 수소결합을 통해 물 분자 클러스터(3~60개의 물 분자들이 한데 모여 있는 상태)를 형성할수록 얼음이 쉽게 형성된다. 물에 소금을 많이 녹이면 물 분자들이 소금, 즉 나트륨 양이온과 염소 음이온으로 분리하면서 물 분자간의 수소결합은 줄어들고 그만큼 얼음이 만들어지기 어려워진다. 이것이 바로 총괄성에 의한 어는점 내림이다.

하지만 결빙방지단백질은 얼음 결정 자체가 생기는 것을 방해하는 것이 아니라 생성된 얼음 결정이 눈에 보일 정도로 크게 자라지 못하게 하는 역할을 한다. 사실 눈에 보이지 않을 정도로 작은 마이크로미터 수준의 얼음 결정(이것도 얼음이다)은 물고기에게 치명적이지는 않다. 다른 세포에도 마찬가지다. 하지만 마이크로미터 단위의 얼음이 커져 수 마이크로미터 정도로 커지면 이야기는 달라진다. 이 얼음은 세포의 크기와 맞먹기 때문에 세포를 터트리는 등 세포와 조직을 파괴할 수 있다.

결빙방지단백질이 녹아있는 용액에 얼음 결정이 생기면 결빙방지단백질이 얼음에 순식간에 달라붙어 물 분자들이 더 이상 얼음에 결합하지 못하게 해 얼음 결정이 성장하는 것을 막는다는 것이다. 그렇게 되면 용액 내에 얼음 결정이 있더라도 이 결정들은 단백질에 의해 막혀 있으므로 더 이상 얼음이 성장할 결정핵의 역할을 할 수 없다. 용액 내에 더 이상 결정핵이 없으므로 온도가 낮아지더라도 눈에 보일 정도로 큰 얼음은 생기지 않는 것이다. 이것이 비총괄성에 의한 어는점 내림이다.

한가지 기억해야 할 것은 일반적인 물은 어는점에서 얼지만 모든 결징핵이 제거된 물이 있나면 이 물은 섭씨 -48도에서 언다. 이처럼 얼음 결정핵이 없으면 물은 온도를 내리더라도 일정 온도에 다다르기 전에는 얼지 않는다. 마찬가지로 결빙방지단백질이 수용액 속의 모든 얼음 결정에 들러붙어 결정을 제거하면 온도를 내리더라도 물은 얼지 않고 과냉각 상태를 유지하게 된다.

여기서 한가지 의문이 생긴다. 결빙방지단백질이 얼음 결정을 없앤 것이나 마찬가지라면 분명 물고기 혈액은 섭씨 -48도에서 얼어야 하지 않을까? 맞다. 앞에서 쉽게 이해할 수 있도록 극단적으로 설명을 했다. 실제 얼음 결정이 생기면 결빙방지단백질이 얼음 표면에 결합하는 것은 분명하지만 이 단백질이 얼음 표면 전체를 둘러싸지는 못한다는 점이다. 반대로 단백질이 얼음 결정의 표면 전부를 둘러싸 결정핵이 제거된다면 물고기의 피는 섭씨 -48도에서 얼 것이다.

결빙방지단백질은 얼음 표면에 결합하여 다른 물 분자가 얼음 표면에 접근하지 못하게 막는다. 이 단백질이 결합한 부분은 얼음 결정 성장이 억제되는 것이다. 단백질이 붙지 않은 얼음 표면은 어느 정도까지 둥글게 성장하다 결국 멈춘다.

그럼 결빙방지단백질이 얼음에 결합하여 얼음의 성장을 어떻게 막는지 알아보자. 그림 4-5를 보자. 얼음 결정 중에서 단백질이 결합된 부분에는 더 이상 물 분자가 결합하지 못한다[14]. 하지만 단백질이 결합하지 않은 부분에는 물 분자들이 계속 결합하여 그림에 나타난 것처럼 얼음은 볼록한 곡선 모양으로 성장한다. 얼음의 볼록 성장으로 얼음의 표면에너지가 증가하고 이 에너지가 용액에 있는 물 분자와 같은 수준이 되면 물과 얼음은 열적 평형상태가 되어 물 분자가 얼음 분자와 더 이상 결합하지 않는다. 즉 얼음 결정이 더 이상 성장하지 않게 된다. 이런 효과를 켈

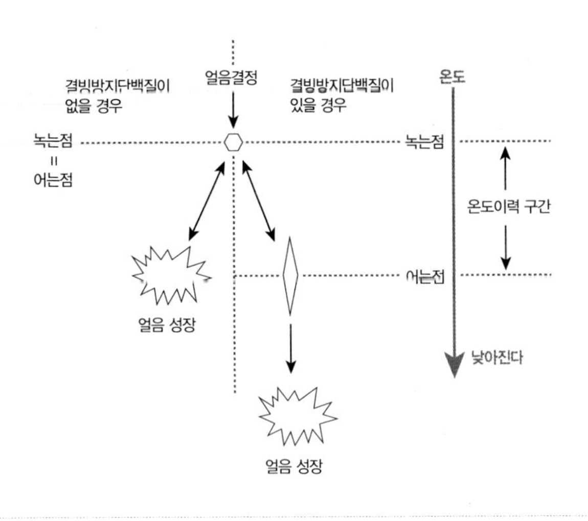

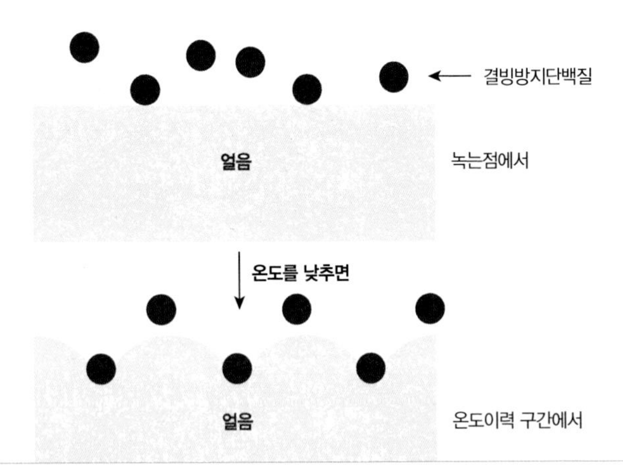

그림 4-5

결빙방지단백질의 결합-억제 메커니즘을 나타냈다. 온도이력 구간에서는 얼음 결정의 성장이 멈춰 있다. 얼음과 물 사이에 분자들의 알짜 이동이 없기 때문이다. 그렇게 되기 위해서는 얼음과 물의 에너지가 평형상태에 있어야 한다. 두 상의 증기압이 같아야 한다는 걸 의미하기도 한다. 바꾸어 말하면 얼음의 증기압은 이 온도구간에서 물보다 낮지만 결빙방지단백질이 얼음과 결합하여 얼음의 증기압이 올라가는 셈이다.
어떻게 얼음의 증기압이 올라갈까? 결빙방지단백질이 얼음에 결합하면 단백질이 붙지 않은 곳의 얼음은 곡면을 이루며 성장한다. 곡면 성장으로 얼음 표면에 결합한 물 분자들의 에너지는 높아진다. 얼음의 표면에너지가 증가하는 것이다. 얼음 주위를 둘러싸고 있는 물과 얼음의 에너지가 같게 되어 열적 평형상태가 된다. 그러면 더 이상 얼음은 성장하지 않는다. 평평한 경계면에 비해 오목한 경계면은 증기압은 작고 볼록한 경계면은 증기압이 높다. 이렇게 곡면이 증기압에 미치는 영향을 켈빈 효과라고 한다.

빈 효과*라 한다고 한다. 이 메커니즘을 바로 결빙방지단백질의 결합-억제 메커니즘이라고 한다.

고체(얼음)나 액체(물)의 증기압은 물 분자가 고체상(얼음)이나 액체상(물)에서 벗어나려고 하는 경향을 의미한다. 고체상이나 액체상을 벗어나려면 그만큼 에너지가 필요하다. 온도가 내려가면 분자의 운동에너지가 떨어져 자연히 증기압도 내려간다. 주어진 온도에서 얼음이나 물이 안정할 때는 가장 낮은 증기압을 갖는다. 어는점(또는 녹는점)에서 얼음과 물은 평형상태를 이룬다. 즉 얼음에 결합하는 물 분자와 얼음을 떠나 물로 가는 물 분자의 개수가 같으므로 어는점에서는 평형증기압을 갖는다. 따라서 이 때 물과 얼음은 같은 에너지를 가지고 있다.

앞에서 말한 대로 결빙방지단백질이 얼음에 붙더라도 물은 섭씨 -48도가 아니라 -1도나 -4도에서 언다. 그 까닭은 일단 단백질이 얼음 결정을 완전히 둘러싸지 않을 뿐 아니라 결빙방지단백질의 종류에 따라 얼음에 결합하는 정도가 다르기 때문이다. 이렇게 차이가 나는 이유는 단백질의 물에 대한 용해도와 얼음과 물에 존재

* 볼록한 표면의 증기압이 평평한 면보다 높기 때문에 나타나는 효과를 말한다. 물방울의 반지름이 작을수록 증기압은 커진다.

하는 단백질의 분배계수, 단백질의 얼음 친화도 등이 다르기 때문이다.

단백질마다 얼음 표면에 달라붙는 정도가 다르므로 얼음 표면에 존재하는 단백질의 농도도 다르다. 얼음 표면에 단위 면적당 존재하는 단백질의 농도가 클수록 많은 분자가 존재하고 단백질과 단백질 사이의 거리가 좁아지게 된다. 그러면 그 사이에 형성되는 얼음은 더 볼록한 형태를 띄게 되어 높은 에너지를 가져 쉽게 얼음 생성이 안 된다(그림 4-6)[14]

결빙방지단백질이 녹아있는 용액은 어는점과 녹는점이 다르다. 얼 때에는 결빙방지단백질을 넣지 않은 용액보다 낮은 온도에서 얼지만, 얼음을 녹일 때에는 결빙방지단백질이 없는 용액과 같은 온도에서 녹는다. 이렇게 녹는점과 어는점이 달라지는 현상을 온도이력이라고 한다.

결빙방지단백질이 들어있는 용액은 그렇지 않은 용액보다 어는점이 낮다. 즉 두 용액의 어는점은 다르다. 지금까지는 어는 과정을 살펴봤는데, 녹는 과정은 어떨까? 결빙방지단백질이 들어있는 용액과 들어있지 않은 두 용액을 얼린 후 녹인다면, 두 용액의 녹는점은 다르지 않고 서로 같다. 다시 말해 결빙방지단백질이 들어있는 용액과 들이있지 않은 용액의 어는점은 다르지만 녹는점은 같다.

일반적인 용액은 어는점과 녹는점이 같지만, 결빙방지단백질이 들어있는 용액은 어는점과 녹는점이 다르다. 이 차이를 온도이력이라 한다. 온도이력은 결빙방지단백질의 얼음 결합 정도에 따라 다르다. 결빙방지단백질이라고 무한정 얼음의 성장을 막을 수 있는 것은 아니다. 결빙방지단백질이 들어 있더라도 온도가 더 내려가면 물 분자들이 급격하게 얼음에 달라붙게 되어 얼음이 빠르게 성장한다.

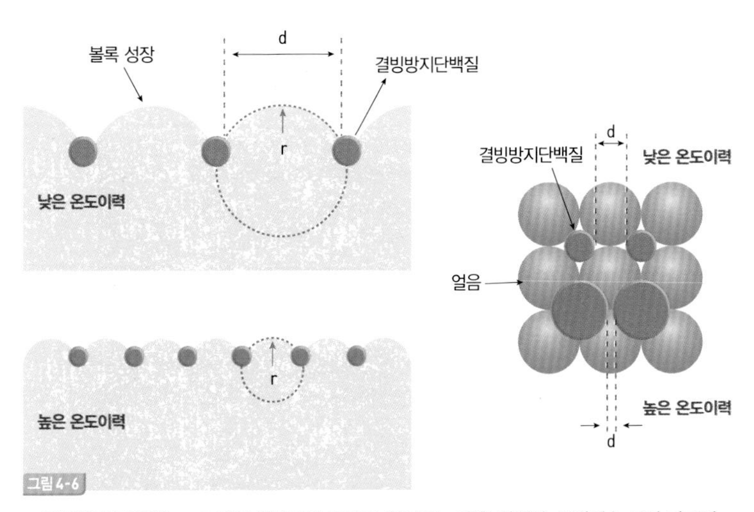

결빙방지단백질은 그 크기와 얼음과의 친화도, 인식하는 얼음 결정면, 분배계수 등이 다르기 때문에 온도이력 값에 차이가 생긴다.
얼음과 물 경계면의 평형증기압은 표면장력에 비례하고 볼록 성장면의 반지름(r)에 반비례한다. 즉 반지름이 클수록 증기압은 낮아지고 작을수록 높아진다. 따라서 얼음 표면에 결빙방지단백질이 적게 분포할수록, 즉 결빙방지단백질 사이의 거리(d)가 멀수록 증기압은 낮아진다. 얼음 표면의 결빙방지단백질 분포는 단백질의 분배계수와 얼음과의 친화도에 따라 결정된다. 또한 단백질 사이의 거리는 단백질의 크기에도 영향을 받는다. I형 결빙방지단백질과 같이 작은 단백질에 비해 곤충과 박테리아, 효모의 결빙방지단백질은 약 7~8배 가까이 크다. 이들이 같은 정도의 얼음 친화력과 분배계수를 가진다면 크기가 큰 단백질이 작은 단백질에 비해 더 큰 온도이력을 가질 것으로 예상할 수 있다.

결빙방지단백질은 얼음의 재결정화도 막는다

결빙방지단백질은 얼음의 재결정화도 막아준다. 앞에서 냉장고에 넣어둔 아이스크림이 딱딱해지는 현상을 설명한 적이 있다. 얼음을 냉동고에 장기간 보관할 경우, 겉으로는 얼음에 아무런 변화가 없는 것 같지만, 얼음 내부에는 작은 얼음결정이 모여서 기다란 얼음 결정이 생긴다. 이런 현상을 얼음 재결정화라고 한다(그림 4-7)

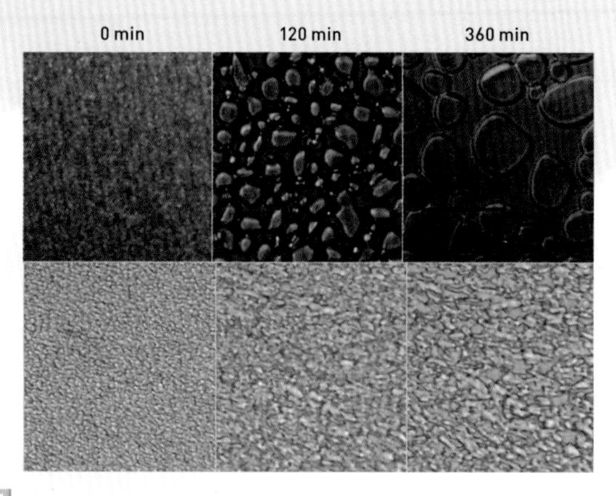

그림 4-7

(위) 물을 빠르게 얼리면 먼저 작은 얼음 입자들이 형성된다. 그리고 이런 상태에서 영하의 온도에 어느 정도 놓아두면 작은 얼음 입자들이 모여 큰 얼음 입자로 자란다. 이 과정이 얼음 재결정화다.

(아래) 결빙방지단백질이 들어있는 용액을 얼린 후 (위)와 동일한 방법으로 관찰하면 시간이 지나더라도 얼음 입자들이 커지지 않는 것을 관찰할 수 있다. 결빙방지단백질은 세포가 얼음에 의해 받는 손상을 최소화할 수 있다.

작은 얼음이 큰 얼음으로 뭉치는 것은 열역학적으로 가능한 반응이다. 그 까닭은 앞에서도 말했지만 수많은 작은 얼음 알갱이의 표면적이 커다란 얼음 알갱이 하나의 표면적보다 훨씬 크기 때문에 수많은 작은 얼음이 존재할 때가 전체적으로 에너지가 높은 상태다. 자연계의 모든 물질은 안정한 상태, 즉 에너지가 낮은 상태로 가려는 경향이 있다. 그래서 전체 에너지가 높은 여러 개의 작은 얼음 알갱이가 뭉쳐 에너지가 낮은 커다란 얼음 알갱이로 되려는 것이다.

온도 변화가 심한 해빙이나 얼음 속에서 사는 생물들은 시시때때로 얼음이 재결정화되는 상황을 맞이하는데 이 때 세포 안팎의 얼음이 커지는 것을 방치하면 세포는 치명적인 손상을 입게 된다. 이것은 얼음에 의한 직접적인 손상이다(그림 4-8). 얼음 재결정화를 막거나 최소화해야만 혹한에서 살아남을 수 있다. 결빙방지단백질은 얼음에 결합할 수 있으므로 얼음 재결정화를 효과적으로 억제할 수 있다. 단백질의 이런 능력을 활용하여 세포를 초저온에서 동결보존하는데 활용할 수 있다.

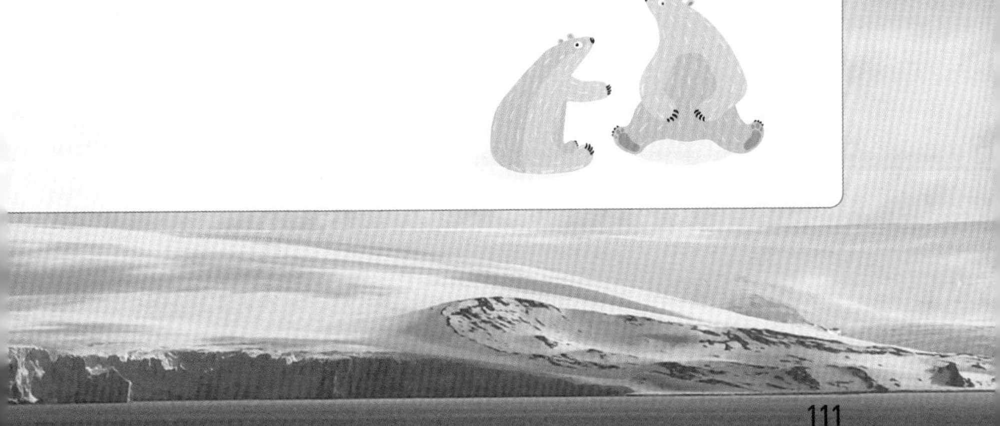

결빙방지단백질은 얼음의 재결정화도 막는다

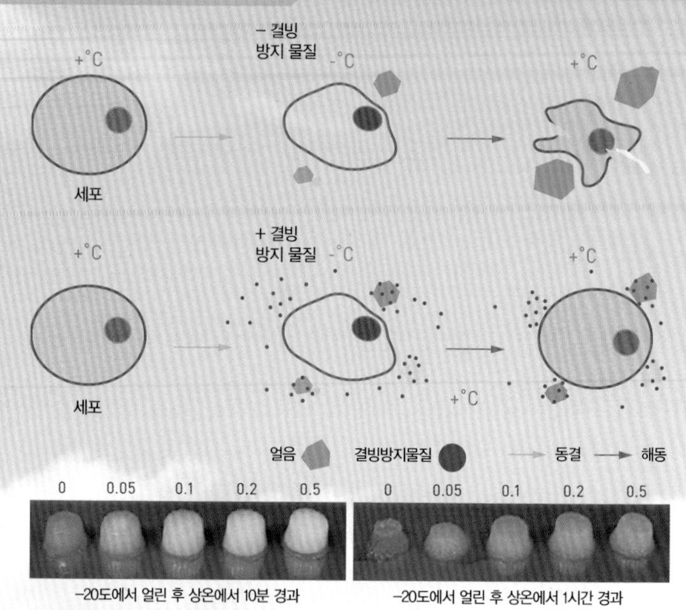

–20도에서 얼린 후 상온에서 10분 경과　　–20도에서 얼린 후 상온에서 1시간 경과

그림 4-8

(위) 온도가 서서히 0℃이하로 내려가면 먼저 세포 밖에 얼음이 생기기 시작한다. 동결/해동을 거치면서 이 얼음의 계속 성장하면 혈액과 몸 속의 세포는 극심한 탈수와 물리적 손상을 입고 사멸하게 된다. 결빙방지 물질은 얼음의 성장을 막아주기 때문에 세포는 동결/해동에 의한 손상을 최소화할 수 있다.

(아래) 젤라틴에 결빙방지단백질의 양을 달리하여 넣고 굳힌 다음 –20℃의 냉장고에서 얼린다. 몇 시간 후 꺼내 상온에서 녹이며 젤라틴의 상태를 관찰하였다. 그림 위쪽의 숫자가 첨가된 결빙방지단백질의 양이다.
결빙방지단백질이 들어있지 않는 경우(각 그림의 맨 왼쪽, 0으로 표시된 부분) 상온에서 10분 경과 시 젤라틴에서 서서히 물이 빠지면서 크기가 줄어들기 시작한다. 1시간 후에는 결빙방지단백질이 들어간 젤라틴에 비해 물이 많이 빠져 크기가 절반 가까이 줄어든 것을 알 수 있다. 즉, 결빙방지단백질이 없으면 얼음들이 서로 모여 더 큰 얼음 결정이 되기 쉬운데, 온도가 0℃이상으로 올라가면 그 물은 결합수가 아니라 자유수로 젤라틴에서 빠져 나온다.

3 얼음과의 결합 구조에 따라 어는점이 달라진다

아서 드브리는 전혀 뜻밖의 만남을 통해 결빙방지단백질의 신비를 한 꺼풀 더 벗길 수 있었다. 1980년대 초 드브리는 결빙방지단백질이 얼음에 결합한다는 건 알아냈지만 단백질이 어떻게 붙는지 그리고 어디에 붙는지에 대한 깊이 있는 이해는 부족했다. 그러던 차에 평소 과학의 여러 분야에 관심이 많던 미국 국립대기연구센터의 찰스 나이트가《사이언스》에 게재된 드브리의 결빙방지단백질 논문을 보게 된다(그림 4-9).

당시 찰스 나이트는 대기과학자로 대기 중 얼음 결정의 형성과 눈과 우박에 대한 연구를 주로 하고 있었다. 나이트는 단백질이 얼음에 결합한다는 사실을 믿을 수가 없었다. 그래서 그는 드브리에게 편지를 보내 공동 연구를 제안한다. 그는 얼음 결정 연구 분야의 전문가로 관련 분야의 지식뿐 아니라 얼음 단결정을 성장시킬 수 있는 기술 또한 갖고 있었기 때문에 공동 연구를 한다면 흥미로운 결과가 나오리라고 생각했다. 예상대로 두 사람은 각자 자신의 전문 분야를 결합해 이제껏 생각지 못했던 흥미로운 연구 결과를 쏟아냈다. 바로 결빙방지단백질이 얼음에 결합한다는 직접적인 사실과 단백질이 얼음의 결정구조를 인식하여 특정한 곳에 붙도록 작용한다는 사실이다.

지금까지 얼음에 관해 이야기 했는데, 얼음이라고 하면 아마 시

그림 4-9
얼음 결정과 단백질 모형을 보고 있는 찰스 나이트.

원한 음료에 들어있는 사각형 얼음을 먼저 떠올릴 것이다. 이제 이 얼음을 원자 수준에서 이야기해보자. 얼음은 물 분자가 차곡차곡 일정하게 쌓여서 만들어진 결정이다. 물의 결정 구조는 그 종류가 16가지나 된다. 즉 물 분자가 정렬하여 얼음이 되는 방법이 16가지라고 생각하면 이해가 쉬울 것이다. 그리고 비결정성 고체(얼음)로 되는 방법도 세가지나 된다. 단순한 물 분자이지만 다양한 방법으로 고체화된다니 신비로울 따름이다.

일반적인 얼음은 정육각형을 밑면으로 하는 육각기둥 모양이다.

우리가 보통 얼음이라고 부르는 것은 바로 16개 결정 중 하나인 육방정계 구조를 가진 얼음이다(그림 4-10). 보통 육지에서 관찰되는 눈, 얼음은 모두 육방정계 구조를 갖고 있다. 그림 4-10에 나타

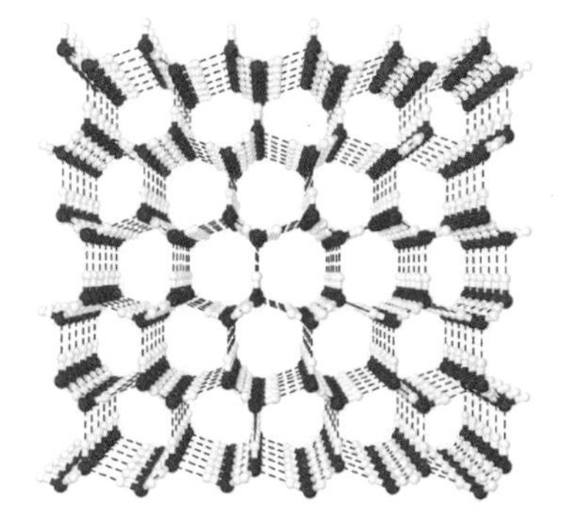

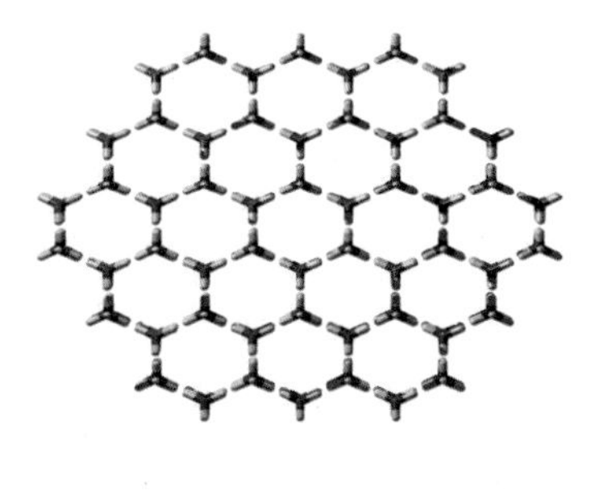

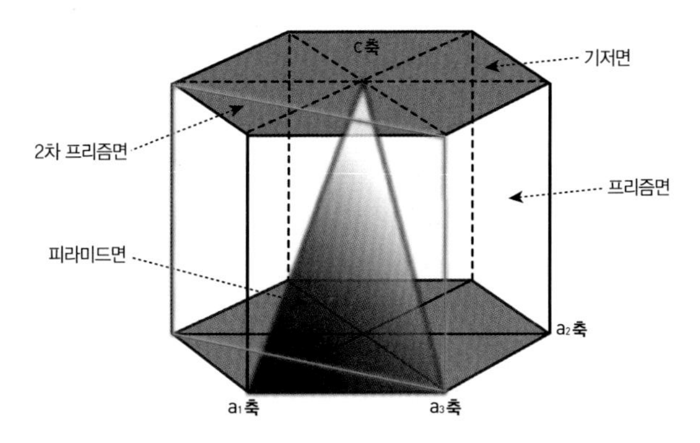

그림 4-10

얼음의 육방정계 결정 구조. 지구상의 모든 눈과 얼음은 육방정계 결정 구조를 하고 있다. 얼음 결정은 육각형 기둥이나 판 모양을 하는데, 위와 아래 면을 기저면, 여섯 개의 옆 면을 프리즘면이라 부른다. 이차 프리즘면, 피라미드면 등이 존재한다. 각각의 결빙방지단백질은 인식하고 결합하는 면이 다르다. 기저면에는 곤충의 결빙방지단백질이 결합하고, 피라미드면과 프리즘면에는 물고기의 결빙방지단백질이 결합하는 것으로 알려져 있다. 활성이 큰 결빙방지단백질은 여러 면을 인식할 수 있는 것으로 알려져 있고, 특히 극지연구소에서 연구하고 있는 극지 효모와 박테리아의 결빙방지단백질도 기저면과 프리즘면에 결합하는 것으로 실험 결과 밝혀졌다.

난 것처럼 육박정계 결정은 정육각형을 밑면으로 하는 육각기둥 모양이다. 결정의 각 성분들은 4개의 축을 기준으로 배열된다. 결정의 격자점 세 개가 이루는 면을 결정면이라고 한다. 길이가 같은 3개의 축 (a1, a2, a3 축)이 서로 120도를 이루고 있는 정육각형 면이 기저면이다. 3개의 축과 수직으로 4번째 축(c축)이 위치하는데 기저면과 수직을 이룬다. 결정면은 기저면, 1차와 2차 프리즘면, 피라미드면 등이 있다.

단순한 물 분자로 만들어진 얼음 결정이지만, 결정면마다 물 분자의 정렬 패턴은 서로 다르다. 결빙방지단백질은 바로 얼음의 특정한 결정면에 결합한다. 얼음에 아무렇게나 결합하는 것이 아니다. 찰스 나이트는 모든 물 분자가 하나의 육방정계 결정으로 자란 단결정을 만들었고 이 단결정에 결빙방지단백질이 붙도록 한 다음 그 면이 어떤 면인지를 해석했다(그림 4-11)[10]. 각 단백질 별로 결합하는 결정면이 다르다는 것은 정말 흥미로운 결과가 아닐 수 없다(그림 4-17 참조). 결빙방지단백질이 기저면 외 다른 결정면에 결합하여 만들어지는 얼음의 형태를 현미경으로 관찰해 보면 육각쌍뿔형이나 레몬형 등이 있다. 찰스 나이트의 연구 결과는 각 결빙방지단백질의 능력(온도이력, 즉 어는점을 낮추는 정도)이 다른 이유를 설명하는 데 중요한 증거로 쓰인다.

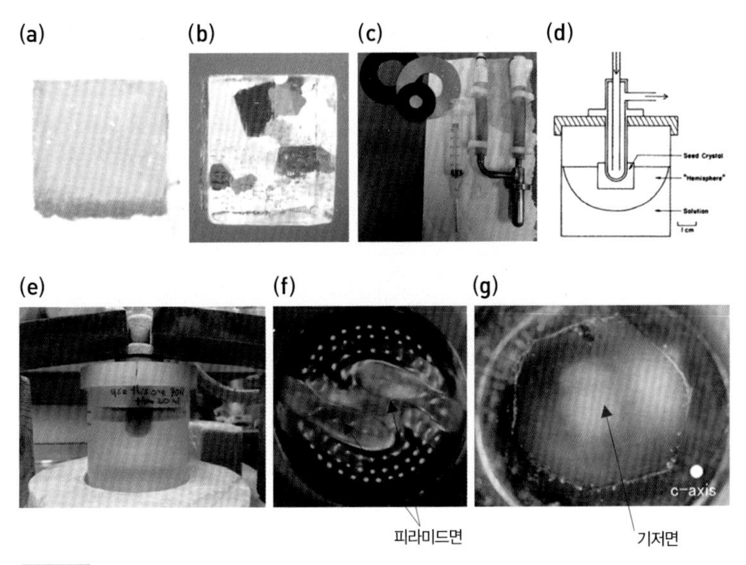

그림 4-11

찰스 나이트는 결빙방지단백질이 얼음에 어떤 방식으로 결합하는지를 아래와 같은 방법으로 실험하였다

(a) 단결정 얼음. 편광에 비춰보면 단결정 얼음은 표면 어디에서나 같은 방향으로 빛을 굴절시켜 투명하게 보인다.

(b) 다결정 얼음. 다결정 얼음은 하나의 얼음에 여러 방향의 결정이 경계를 이루며 한데 모여 만들어져 있다. 편광으로 보면 굴절이 여러 방향에서 일어나 모자이크와 같은 모양이 나타난다.

(c) 단결정 얼음을 가로 세로 약 1cm의 크기로 잘라 장착하는 구리로 된 콜드핑거 장치.

(d) 결빙방지단백질의 얼음 결합면을 인식하는 실험 장치의 모식도. 단백질의 얼음 결합면을 알아내는 실험 장치는 찰스 나이트 박사가 개발했다. • Knight, *et al.*(1991)의 그림 인용.

(e) 얼음이 장착된 콜드핑거 장치를 차가운 물 속에 담그고 −5℃의 부동액을 콜드핑거 안쪽으로 계속 순환시키면 단결정 얼음이 반구 형태로 천천히 자란다. 적당한 크기의 반구가 형성되면 물을 결빙방지단백질이 들어 있는 용액으로 바꾸고 계속 반구 형태의 얼음이 자라게 한다. 수 분간 반응시키면 단백질이 얼음 표면에 붙는다.

(f) 모든 반응이 끝난 후 −15℃의 저온실에서 얼음 표면을 승화시킨다. 얼음만 있는 곳에서는 승화가 일어나지만 단백질이 붙어있는 부분에서는 승화가 일어나지 않아, 단백질과 얼음의 결합 패턴이 뚜렷이 남는다. 그림은 I형 결빙방지단백질을 이용한 실험 결과다. 반구의 얼음을 뒤집은 상태에서 찍은 사진이며 c축(기저면)이 우리를 향하고 있다. 이 단백질은 얼음의 피라미드면에 붙는다고 알려져 있다.

(g) 이 그림은 북극 효모 결빙방지단백질의 얼음 결합면을 보여준다. 마찬가지로 c축(기저면)이 우리를 향하고 있다. 기저면에 단백질이 붙는다는 것을 알 수 있다. 결빙방지단백질마다 인식하는 얼음 결정면이 서로 다르다는 것을 알 수 있다.

이제부터는 단백질과 얼음의 작용을 한 단계 더 내려가 보자. 단백질을 구성하는 아미노산의 원자들과 얼음의 상호작용을 살펴보면 앞에서 설명한 메커니즘을 보다 쉽게 이해할 수 있다. 단백질과 결합하는 작은 물질을 리간드라고 한다. 잘 아는 것처럼 헤모글로빈은 산소를 수송하는 단백질이다. 여기서 산소가 바로 리간드다. 단백질과 리간드의 결합에 관한 연구는 단백질-리간드 복합체를 X-선 결정학과 NMR을 이용하여 단백질의 3차 구조를 해석하여 밝혀낼 수 있었다. 하지만 불행하게도 결빙방지단백질의 리간드는 얼음이다. 그러다 보니 얼음과 단백질 복합체의 결정을 만들 수가 없다. 결정이 없으므로 X-선 결정학을 이용할 수도 없다. 또 액체 NMR은 액체 상태로 된 시료를 분석하는 것이라 단백질과 얼음의 복합체 구조를 밝힐 수가 없다. 고체 NMR로 단백질과 얼음의 고체 시료를 이용해서 단백질과 얼음의 상호 작용을 연구할 수 있으나 고체 NMR 자체의 기술적 한계로 얻을 수 있는 정보는 극히 제한적이다.

눈꽃의 모양은 얼음 결정면의 에너지 차이가 결정한다.

얼음의 결정 구조를 알면 눈꽃의 예쁜 모양이 어떻게 만들어지는지도 알 수 있다. 얼음 결정의 각 결정면에 있는 원자들의 공간적 배열은 서로 다르다. 각 결정면의 표면에 있는 물 분자들의 에너지는 결정면에 따라 달라진다. 앞에서도 이야기 했지만 표면에 있는 분자들은 얼음 내부의 물 분자보다 에너지가 높다. 즉, 표면에너지를 추가로 갖고 있다. 그리고 결정면 간에도 에너지가 서로 다르다. 기저면보다 프리즘면의 표면에너지가 아주 조금이지만 더 크다. 에너지가 낮은, 안정한 구조를 갖기 위해 물 분자들은 프리즘면에 더 잘 결합한다. 즉 결정의 프리즘면이 더 빨리 성장하게 된다. 이렇게 해서 다양한 형태의 눈꽃이나 얼음 결정의 모양이 생기는 것이다.

그림 4-12
프랑크 쇠니센 교수는 NMR 전문가로 이를 활용하여 단백질의 3차 구조를 해석하는 연구를 다수 수행하였다. 지도교수인 브라이언 사익스 교수와 결빙방지단백질의 구조 연구에 많은 기여를 했다.

그러나 리간드와 결합하지 않은 단백질 자체의 3차 구조만 알더라도 다른 실험 결과에 근거하여 단백질과 얼음의 결합을 추정할 수 있다. 앞에서 '구조가 기능을 결정 한다'고 했다. 따라서 결빙방지단백질이 얼음에 결합하는 데 단백질의 모양(구조)이 아주 중요할 것이라고 생각할 수 있다. 어떤 모양을 하고 있을까? 앞에서 이미 그 구조를 소개했지만 조금 더 자세히 알아보자. 결빙방지단백질의 3차 구조는 1993년 액체 NMR을 이용하여 캐나다의 브라이언 사익스 교수와 프랑크 쇠니센 박사가 처음으로 밝혔다(그림 4-12). 이들은 물고기의 결빙방지단백질 III 형의 구조를 밝혀냈다.

그 이후로 많은 과학자들에 의해 결빙방지단백질 I형과 III형의 구조도 밝혀졌고 현재는 곰팡이, 효모, 박테리아, 곤충의 결빙방지 단백질까지 그 구조가 밝혀졌다. 대표적 결빙방지단백질인 물고기 I 형의 구조를 살펴보자(그림 4-13). I 형 단백질은 37개의 아미노산으로 구성되어 있는데 1차 구조를 보면 알라닌이 풍부할 뿐 아니라 11개 아미노산 서열 (그 중 11번째 아미노산은 트레오닌이다)이 3번 반복하여 나타난다. 알파 나선으로 이루어진 I형 단백질의 삼차 구조를 보면 반복서열이 얼음 결합 모티프를 구성하고 이 모티프 내에 들어 있는 트레오닌의 곁사슬이 잘 정렬되어 평평한 결합 표면을 만들기에 아주 적합해 보인다. 단백질이 얼음에 결합하는

I형 결빙방지단백질의 아미노산 서열

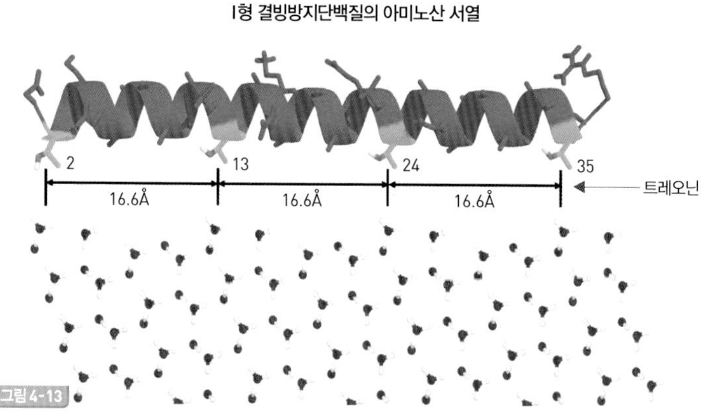

그림 4-13 겨울 광어의 I형 결빙방지단백질의 아미노산 서열이다. 일정 간격으로 등장하는 트레오닌은 얼음 결정 피라미드면의 산소 간격과 굉장히 유사하고, 실제로도 결빙방지단백질이 얼음 결정의 피라미드면에 결합한다는 것을 찰스 나이트가 증명하였다.

데 메틸기(-CH_3)와 수산화기(-OH)를 동시에 가지는 트레오닌은 중요한 역할을 한다(그림 3-10 참조). 소수성인 메틸기는 액체인 물보다 소수성이 큰 얼음 상태의 물 분자를 덜 꺼린다. 또한 수산기는 얼음의 산소와 수소결합을 할 수 있다. 이 아미노산의 메틸기는 특히 얼음 성장을 억제하는데 중요한 역할을 하는 것으로 알려져 있다. 흥미로운 사실은 이 트레오닌 곁사슬 간의 거리가 약 16.6옹스트롬(1Å은 10^{-10}m)인데 이 거리가 얼음 결정의 피라미드면에 있는 얼음 분자의 산소 원자 간의 거리와 거의 같다는 점이다. 따라서 트레오닌과 얼음 내 물 분자의 수소결합을 통해 단백질이 얼음의 특정한 면과 결합하는 것으로 이해할 수 있다.[11]

결빙방지단백질의 평평한 면에 일정 간격으로 늘어선 트레오닌과, 얼음 결정의 특정 결합면에 주기적으로 놓여있는 물 분자가 서로 결합한다.

이번에는 복잡한 3차 구조를 가진 잎말이나방 유충의 결빙방지단백질을 한번 보자. 이 단백질은 삼각기둥 형태를 하고 있다(그림 4-14)[12]. 프리즘 구조는 베타 가닥이 오른손 나선 형태로 빙글빙글 돌아가면서 형성된다. 이런 3차 구조를 베타 나선 구조라고 한다. 이 베타 나선 구조는 세 개의 면이 있는데 이 중 한 면에, 앞서 말한 트레오닌 아미노산이 일정한 패턴으로 정렬하고 있다. 트레오닌-불특정 아미노산-트레오닌이 세트를 이루고 있어 TXT 모티프라고 하고, 얼음 결합에 관여한다. 트레오닌과 트레오닌 사이의 거리

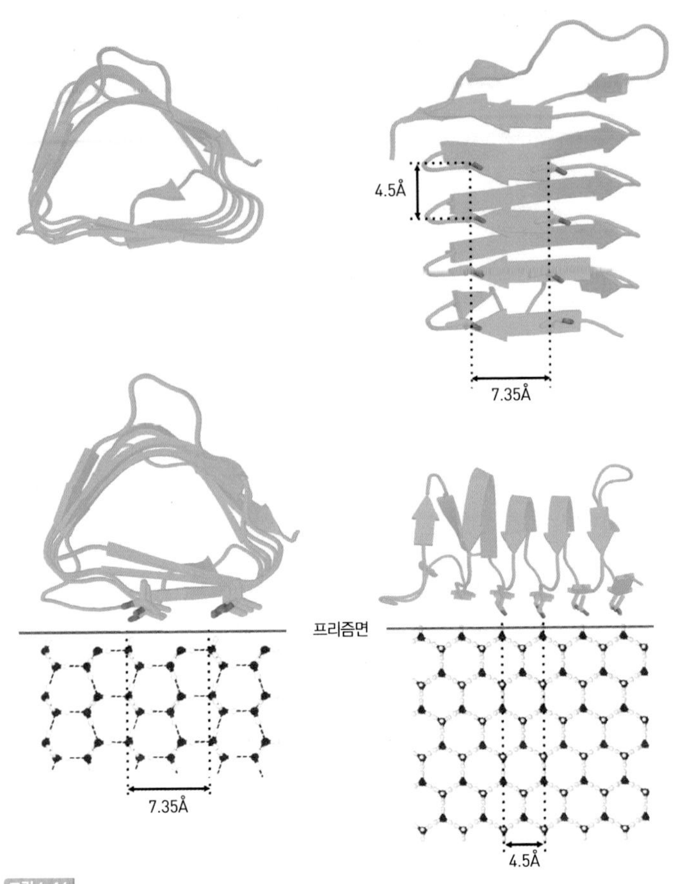

그림 4-14

잎말이나방의 결빙방지단백질. 이 단백질은 β-나선 구조를 하고 있는데 β-가닥이 빙글빙글 나선 형태로 말려 올라온 형태를 하고 있어 그렇게 부른다. 세 개의 면을 갖고 있는데 나선의 축 방향으로 보면 이 단백질이 삼각기둥 형태임을 알 수 있다. 특히 평평한 면을 하고 있어 얼음에 결합하기에 구조적으로 적합할 것으로 생각된다. β-나선 구조의 한 면에 트레오닌이 일정한 간격을 두고 배치되어 있는 것을 볼 수 있다. 이 간격이 얼음의 프리즘면과 기저면에 있는 산소들의 간격과 비슷하다. 따라서 얼음에 결합하기에 용이하다는 것을 알 수 있다. 또 β-가닥 사이의 간격도 프리즘면에 결합하기에 알맞은 거리를 하고 있다. 나방 유충의 결빙방지단백질이 프리즘면에 어떻게 위치하여 얼음과 결합하는지를 보여주고 있다.

그림 4-15
나방 유충의 결빙방지단백질 연구를 수행한 피터 데이비스 교수는 곤충, 물고기, 식물, 박테리아의 결빙방지단백질을 가장 활발하게 연구하고 있다.

는 약 7.35옹스트롬 정도 떨어져 있는데 얼음 결정의 프리즘면에 드러난 물 분자들의 산소와 산소 간의 거리도 약 7.35옹스트롬 정도여서 수소결합의 요철이 들어맞는 구조를 하고 있다. 또한 β-가닥과 β-가닥 사이의 거리도 4.5옹스트롬 정도여서 얼음 결정의 프리즘면과 결합하기에 적합하다. 이 단백질은 기저면에 결합하기에도 적합한데 기저면 표면에 있는 산소간 거리가 7.8옹스트롬이어서 트레오닌들 사이의 거리와 유사하다. 실제 실험을 통해 이 단백질은 프리즘면뿐 아니라 기저면에도 결합한다는 것이 밝혀졌다. 이미 I형 결빙방지단백질에서 본 것처럼 나방 유충의 단백질에도 트레오닌이 얼음과 결합하기에 적합한 특성을 가지고 있다는 것을 다시 한 번 입증하는 셈이다.

지금까지 구조가 밝혀진 결빙방지단백질을 한번 다시 보자(표 4-1, 그림 4-3). 앞에서 말한 바에 의하면 얼음에 결합하는 한 가지 기능을 하는 데는 한 가지 구조만 있으면 충분할 것 같은데 단백질의 구조가 제각각인 걸 알 수 있다. 모양이 구조를 결정한다는 주

장과는 다소 앞뒤가 맞지 않는 것 같다. 하지만 조금만 더 관찰해보면 흥미로운 사실을 발견할 수 있다. 단백질의 모든 부분이 얼음과 결합하는 것이 아니라 일부분만 결합에 참여하는데 이 부분들이 얼음과 결합하기 쉽도록 평평한 모양을 하고 있다는 점이다. 다시 비유를 들어 이야기해보자. 야구공을 잡는 글러브의 제일 중요한 부분은 야구공을 제대로 넣을 수 있게 오목하게 들어간 부분일 것이다. 그 외에는 글러브가 약간 작아진다거나 커진다거나 또는 다른 장식을 하고 있다든지 하는 것은 기능에 크게 문제가 되지는 않을 것이다. 마찬가지로 단백질의 전체적인 3차 구조는 다양하지만, 실제 얼음과 결합 부위는 모두 유사한 구조를 하고 있는 것이다.

앞의 내용을 한번 정리 해보자. 단백질의 3차 구조에서 얼음과 결합하는 아미노산들은 일정한 간격을 두고 위치해 있다. 이 간격이 얼음의 특정 결정면에 있는 물 분자의 간격과 일치하여 결빙방지단백질이 얼음의 특정한 결정면을 인식하여 결합한다.

그럼 이제 결빙방지단백질의 능력, 즉 어는점을 낮추는 정도에 대한 이야기를 해보자. 모든 결빙방지단백질은 온도이력이 같을까? 그렇지 않다가 정답이다(그림 4-16). 그렇다면 어떤 단백질이 능력이 좋고, 다시 말해 온도이력이 크고 어떤 단백질이 낮은 능력값을 갖는 걸까?

다양한 결빙방지단백질의 온도이력 활성 비교

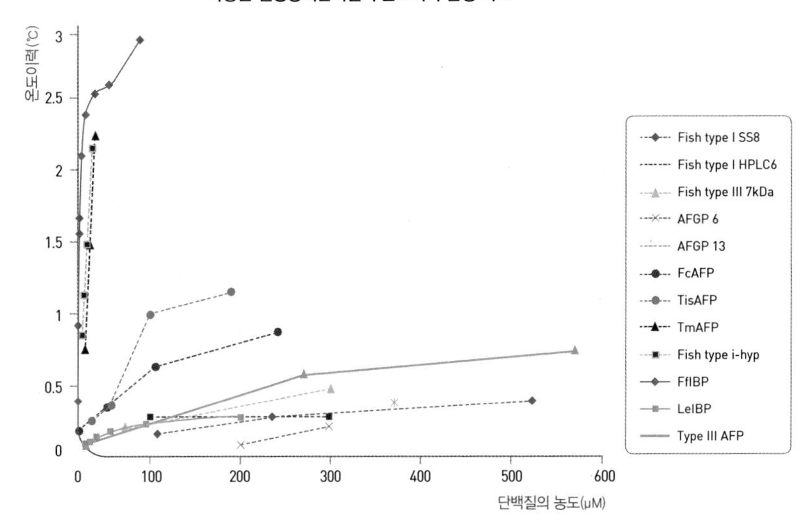

그림 4-16

고활성 결빙방지단백질은 물고기 단백질보다 10~100배 활성이 크다. 일반적인 결빙방지단백질은 기저면에는 결합하지 않고 주로 프리즘면이나 피라미드면에 결합한다. 그에 반해 고활성 결빙방지단백질은 프리즘면과 피라미드면 뿐 아니라 기저면에도 결합한다고 알려져 있다. 고활성 결빙방지단백질은 갈색거저리에서 처음 보고되었고, 그 후 눈 톡토기, 곰팡이, 일부 물고기, 박테리아에서 연이어 발견되었다.

- Fish type I SS8 : 짧은뿔 꺽정이 I 형 단백질
- Fish type I HPLC6 : 겨울 도다리 I 형 단백질
- Fish type III 7kDa : III형 단백질
- AFGP6 : 결빙방지 당단백질 6
- AFGP13 : 결빙방지 당단백질 13
- FcAFP : 남극 규조 *Fragilariopsis cylindrus*의 결빙방지단백질
- TisAFP : 곰팡이 *Typhula ishikariensis*의 결빙방지단백질
- TmAFP : 갈색거저리 *Tenebrio molitor*의 결빙방지단백질
- Fish type I-hyp : 물고기 I 형 고활성 결빙방지단백질
- FfIBP : 남극 해빙 박테리아 *Flavobacterium frigoris*의 결빙방지단백질
- LeIBP : 북극 효모 *Glaciozyma sp* 의 결빙방지단백질
- Type III AFP : 극지연구소에서 유전자재조합으로 생산한 물고기 III형 결빙방지단백질

단백질의 능력 차이는
단백질이 얼음의 어느 결정면을 인식하여
결합하느냐에 따라 달라진다.

물고기들의 결빙방지단백질은 다섯 종류나 되지만, 온도이력은 한결같이 섭씨 1도 내외다. 물고기종이 이렇게 다른데도 기능적으로는 상당히 유사한 것이다. 왜 그럴까? 서로 다른 종이지만, 비슷한 추운 환경에 적응하기 위해 만들어내는 결빙방지단백질의 능력은 상당히 비슷하다. 물고기들이 살고 있는 환경을 곰곰이 생각해 보면 답을 찾을 수 있다.

겨울철 극지 물고기들은 섭씨 -1.9도의 바닷물에 살고 있다. 따라서 물고기 혈액의 어는점은 -1.9도보다 낮기만 하면 혈액이 얼지 않을 것이기 때문에, 굳이 섭씨 -2도 이하로 온도를 낮출 이유가 없다. 물고기 혈액 내의 용질이 혈액의 어는점을 약 0.7도 정도 낮춰주므로 추가로 약 1.2도 정도만 더 낮춘다면 물고기는 얼지 않고 살아갈 수 있는 것이다. 생물들이 효율성이 높은 방향으로 적응 또는 진화한 예라 할 수 있다.

반대로 캐나다, 러시아 등 극지보다 온도차가 심한 곳에 서식하는 곤충의 결빙방지단백질 온도이력은 무려 10도가 넘는 경우가 있다. 캐나다나 러시아의 겨울은 영하 20도 이하로 내려가는 경우가 흔하다. 여기에서 겨울을 나는 곤충이나 애벌레들은 따뜻한 눈 속에 파묻혀있다 하더라도 혹한의 겨울을 견뎌야 한다. 그래서 활성이 큰 결빙방지단백질이 필요하다. 곤충에서 고활성 결빙방지단백질이 종종 발견되는 이유다.

단백질의 온도이력 활성이 차이가 나는 것은 찰스 나이트의 실험결과가 어느 정도 설명해 줄 수 있다. 즉 단백질의 능력 차이는 단백질이 얼음의 어느 결정면을 인식하여 결합하느냐에 따라 달라진다(그림 4-17)[13]. 현재까지 연구된 바로는 기저면과 프리즘면 혹은 피라미드면 등 여러 결정면에 다 달라붙을 수 있는 단백질의 온도이력(혹은 어는점 낮춤 능력)이 프리즘면이나 피라미드면 등 하나의 결정면에만 결합하는 단백질보다 더 크다고 알려져 있다. 쉽게 말해서 단백질이 얼음 결정의 특정한 한 면에만 달라붙는다면 나머지 부분에 물 분자들이 쉽게 접근하여 얼음 성장을 계속할 수 있지만 단백질이 여러 면에 달라붙으면 얼음에 접근하는 물 분자가 그만큼 적어지므로 얼음의 성장이 훨씬 더 억제 되는 것이다.

결빙방지단백질이 어는점을 낮추는 능력은 얼음의 결정면 하나에만 결합하는지, 아니면 여러 결정면에 결합하는지에 달려있다. 여러 결정면에 결합할수록 어는점을 낮추는 능력이 크다

물고기의 결빙방지단백질은 피라미드면에 결합하는 데 비해 곤충과 일부 효모, 박테리아의 결빙방지단백질은 여러 면을 동시에 인식할 수 있는 것으로 여겨지며 높은 온도이력을 가지고 있다. 생물들은 서식하는 환경의 온도 변화에 따라 필요한 정도로만 체액의 어는점을 낮춘다. 생물이 얼마나 효율적으로 진화했는지 보여주는 예라 할 수 있다. 그리고 한가지 주목해야 할 점은 단백질이 얼음을 인식하는 면이 서로 다르기 때문에 각 단백질마다 특이한

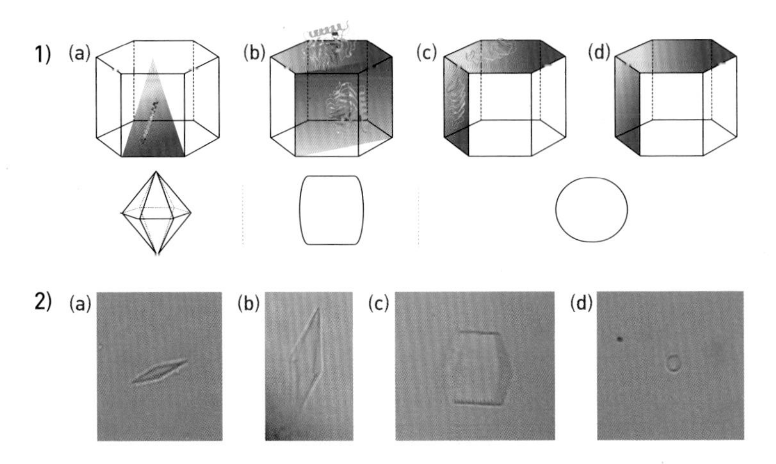

그림 4-17

1) (a) 겨울 광어의 I형 결빙방지단백질이 인식하는 얼음의 결정면인 피라미드면. 6면이나 아래쪽 방향으로도 인식 가능하므로 2배인 총 12면. 위 아래 대칭으로 총 12면에 붙기 때문에 만들어지는 얼음 결정의 모양은 뾰족한 바늘모양이 된다. 뾰족한 얼음 결정으로 이 단백질의 활용은 제한적일 것으로 생각된다. (b) 북극 효모 결빙방지단백질이 인식하는 얼음의 결정면인 2차 프리즘면과 기저면. 총 8면에 붙기 때문에 얼음 결정의 모양은 레몬형이 된다. 얼음에 결합하는 정도가 약해 고활성을 띠지는 않는다. 하지만 뾰족한 얼음 바늘을 만들지 않기 때문에 세포 동결보호에 활용될 가능성이 크다. (c) 딱정벌레의 결빙방지단백질이 인식하는 프리즘면과 기저면. 총 8면에 붙기 때문에 얼음 결정의 모양은 레몬형이 된다. (d) 남극 해빙 박테리아가 인식하는 기저면과 프리즘면. 여러 면에 붙기 때문에 얼음이 레몬형으로 성장한다.

2) (a), (b) I형 결빙방지단백질에 의해 만들어진 육각쌍뿔형 (혹은 육각 쌍피라미드형) 얼음 모양. (c) 북극 효모의 결빙방지단백질이 만들어낸 얼음 결정의 모양. 물고기의 단백질이 만들어내는 얼음 모양과는 다르다는 것을 쉽게 확인할 수 있다. (d) 남극 박테리아인 플라보박테리움 프리고리스의 결빙방지단백질은 곤충과 유사하게 레몬형의 얼음 모양을 만들어낸다. 이 모양은 고활성 결빙방지단백질의 특징이라고 할 수 있다. 이 경우 단백질이 얼음의 여러 면에 동시에 결합하기 때문에 얼음의 성장이 억제되어 레몬 형태로 만들어진다.

얼음 모양을 만든다는 것이다. I형 결빙방지단백질은 육각쌍뿔형 혹은 바늘모양, 곤충의 결빙방지단백질은 레몬형 등이 대표적인 예이다. 극지연구소에서 분리한 북극 효모와 남극 박테리아의 결빙방지단백질은 곤충과 유사하게 기저면에 결합하기 때문에 날카로운 얼음을 만들지 않아 세포에 동결 손상을 덜 입힐 것으로 생각된다.

4 얼어붙은 호수와 해빙에서 결빙방지단백질을 찾다

지금까지 주로 물고기의 결빙방지단백질에 대해 이야기했다. 이제 우리나라 결빙방지단백질 연구의 역사와 현재에 대해 이야기해보자.

1996년 남극 세종과학기지에서 월동 연구 중이던 저자 소속 연구팀은 한겨울 얼음 속에서 놀라운 광경을 목격한다. 해빙 속에서 미세조류들이 살아서 움직이고 있었던 것이다. 나중에 안 일이지만 이 미세조류는 결빙 방지 활성이 있었다. 이후 연구팀은 극지의 빙하, 해빙, 호수, 토양에 서식하는 호냉성 생물을 채집하기 시작했고 그 결과 현재 남북극 미세조류 200여 주株와 미생물 200여 주 등이 극지연구소 저온생물은행에 보관 유지되고 있다(그림 4-18).

극지 미소생물 채집에 필요한 장비와 도구들은 스노모빌, 라이플(북극), 플랑크톤 채집그물, 채수병, 스포이드, 비닐팩, 모종삽, 얼음굴착기, 고무보트, 두꺼운 옷, 선크림, 썬글라스, 사진기, 현미

그림 4-18

현재 150여종 이상의 남극과 북극의 담수와 해수 식물플랑크톤을 배양하고 있는 세계 최고 수준의 극지 미세조류 은행이다. 1996년 이후 매년 하나씩 정성스레 채집하고 운반해온 결실이다. 극지생물은 호냉성 생물이라 온도가 섭씨 20도 가까이 올라가면 대부분 죽고 만다. 그래서 이 배양실에는 정전에 대비하여 무정전 전원장치와 자가발전기가 연결돼 있다. 극지연구소 초기에는 연구환경이 열악하여 정전으로 많은 호냉성 생물을 잃은 적이 있다. 극지 미세조류 은행에서 결빙방지단백질은 물론이고 바이오 에너지 생산에 적합한 균주를 찾아내기도 했다. 새로운 바이오 물질의 보고로 극지 호냉성 생물이 떠오르고 있다.

경, 물과 열량이 높은 간식거리, 그 외 가방이 필요하다. 저온생물의 채집 시 제일 중요한 것은 강인한 체력과 저온 생물에 대한 호기심이다.

극지에서 호냉성 생물을 채집하고 국내로 반입하는 과정을 알아보자. 우선 연구진이 항공편을 이용하여 남극 세종기지와 북극 다산기지에 도착한다. 쇄빙선이 생긴 이후로는 연구 영역이 넓어져 남극해와, 알래스카 쪽에서 북극으로 들어가며 연구를 수행하기도

(a) (b) (c) 얼음굴착기를 이용하여 얼음 시료를 채취하고 있다. 겨울에 꽁꽁 언 바다나 호수에서 해빙과 담수 시료를 채취하는 일은 상당한 체력을 요구한다. 그래서 최근에는 전동 얼음굴착기로 작업한다. 연구실로 가져온 채취한 얼음에서 시료를 분리한다.

(d) 이른 봄(3~4월)에도 북극 다산기지는 눈으로 덮여있다. 기지 주변에서 호냉성 생물을 채집할 때는 대부분 스노우모빌을 이용해야 한다. 도보로는 시료 채집에 한계가 있을 뿐 아니라 추운 날씨라 체력소모가 상당히 크다. 스노우 모빌 뒤의 썰매에는 시료 채집에 필요한 장비인 얼음굴착기, 채수병, 삽과 먹을 거리, 응급조치 용품을 싣고 간다.

(e) 북극 다산기지의 짧은 여름(6~8월)에는 육상 생물도 번성한다. 늦봄에서 여름까지는 북극곰이 왕성하게 활동하는 시기이므로 안전에 유의해야 한다. 그래서 항상 장총을 휴대해야 한다. 혼자보다는 짝을 이뤄 채집에 나선다.

한다. 해빙에서 얼음시료 시추 장비와 잠수를 통해 각종 시료를 채집한다. 이 과정은 매우 세심한 주의가 필요한 작업이다. 분리한 시료는 기지나 쇄빙선 안의 실험실에서 분리 혹은 배양한다. 여기서 확보한 시료는 저온 또는 냉동 상태에서 우리나라까지 운반된다.

결빙방지 능력을 가진 생물을 찾는 데는 겨울이 최적이다. 혹독한 환경에 살면서 결빙방지 물질을 생산하는 생물이 살아남기에 좋은 시기이기 때문이다. 하지만 겨울은 야외 채집을 하기에는 너무나도 힘든 때이기도 하다. 북극의 겨울은 춥고 길며 캄캄하다. 그래서 결빙방지 능력을 지닌 생물 채집이 가능한 시기는 상당히 짧다. 남극 기지에서 야외 활동이 가능한 시기는 11월에서 이듬해 2월까지 정도이고 북극은 고작 3~4월 정도다. 이 기간에 남극과 북극의 기지 주변은 영하 10도까지 내려간다. 영하 10도의 날씨에 하루 3~4시간씩 눈과 얼음밭을 헤매고 다니는 것은 결코 쉬운 일이 아니다. 스노우 모빌이 눈에 빠져 뒤집히기도 하고, 또 간혹 나타나는 북극곰을 살피면서 극지생물을 채집하는 것은 결코 쉽지만은 않은 작업이다.

저자가 속한 연구팀은 2005년 북극 다산기지가 있는 니알슨의 연안 지역과 내륙 담수호에서 결빙방지 활성이 있는 호냉성 미소생물을 찾아 나섰다. 얼음시료 시추 장비로 확보한 원통형 얼음 시료를 녹인 물과 채집한 해수를 미생물 배지에 잘 발라 배양하거나,

현미경으로 관찰되는 미세조류를 직경 1밀리미터 이하의 가느다란 유리관을 사용하여 끌어올려 단일 세포로 분리하였다. 반갑게도 이중 북극 담수호인 쌍둥이 호수에서 발견된 효모에서 고순도의 결빙방지단백질을 확인하였다(그림 4-20).

신기할 정도로 잘 분리된 이 단백질은 북극 효모에서 발견된 최초의 결빙방지단백질이다. 더욱 놀라운 것은 이 효모 단백질이 고활성을 나타내는 곤충의 결빙방지단백질과 그 구조가 매우 유사하다는 점이다. 이 단백질이 밝혀지기 전에는 물고기의 결빙방지단백질과 곤충, 몇몇 식물의 결빙방지단백질뿐이었고 그 구조를 알고 있는 것은 물고기와 곤충의 결빙방지단백질뿐이었다. 곤충의 결빙방지단백질은 그 구조가 물고기와는 완전히 다른 형태를 하고 있는데 추운 환경을 이겨내기에 적합하게 되어 있다. 북극 효모의 단백질이 물고기와는 달리 곤충의 단백질과 비슷하다는 것은 결빙방지단백질 전체에 대해 이해를 넓혀 가는데 중요한 분기점이 되었다. 왜냐하면 이후로 물고기를 제외한 생물의 결빙방지단백질은 대부분 효모나 곤충의 결빙방지단백질 구조를 하고 있다는 것이 계속 밝혀지고 있기 때문이다.

이 뿐 아니라 저온생물 은행에서 배양 중이던 남극 해빙 미세조류인 나비큘라와 피라미모나스 속으로부터 고활성 결빙방지단백질과 유사한 단백질을 잇따라 발견하여 현재 연구 중에 있다. 또 최

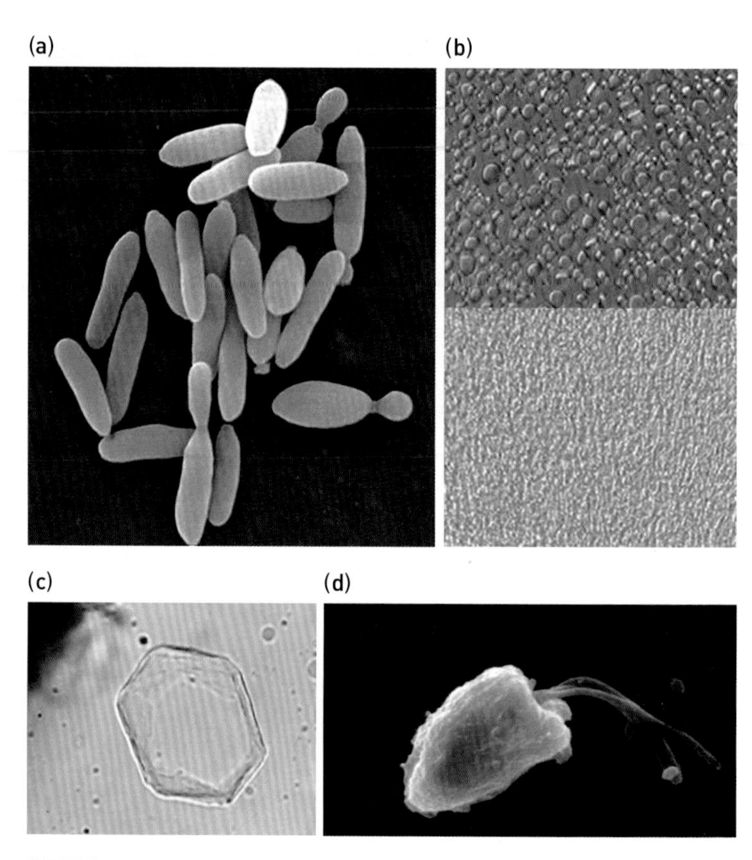

그림 4-20

(a) 북극 효모 글라시오지마의 전자현미경 사진.

(b) 북극 효모의 결빙방지단백질도 얼음 재결정화를 억제하고, 온도이력 활성 (약 0.7°C) 을 갖고 있다. (위쪽) 결빙방지단백질이 없을 경우, (아래쪽) 결빙방지단백질을 첨가했을 경우 얼음의 재결정화 양상을 보여준다.

(c) 결빙방지단백질이 얼음에 결합했을 때 만들어지는 얼음 결정의 모양. 이 단백질은 기저면에 결합하고 2차 프리즘면에도 결합하는 것으로 밝혀졌다.

(d) 극지 미세조류인 피라미모나스 겔리디콜라. 이 미세조류에서도 결빙방지단백질을 분리해냈으며 현재 연구 중이다.

근에 라스베이거스 네바다 대학의 제임스 레이몬드 교수와 공동으로 남극 해빙에서 채집한 박테리아의 결빙방지단백질 연구도 집중적으로 수행하고 있다. 박테리아 단백질의 3차구조는 앞서 말한 효모와 미세조류의 결빙방지단백질의 3차 구조와 흡사하지만 활성은 10배 가까이 높은 고활성 결빙방지단백질로 밝혀졌다. 이 단백질은 현재까지 해양에서 밝혀진 단백질 중에 결빙방지 활성이 가장 크다.

5 혈액과 장기를 보존하는 무독성의 동결보호제

순수한 호기심에서 출발한 기초 연구가 다른 분야 연구자들의 관심을 불러일으키는 경우를 종종 볼 수 있다. 결빙방지단백질도 마찬가지다. 극지 생물이 얼지 않고 살아남는 방법의 핵심인 결빙방지단백질을 동결보존에 실제 활용할 수 있을까?

현재 치료나 연구 목적으로 다양한 생체 조직이나 세포를 섭씨 -80~-196도의 극저온에 얼려 장기간 보관하는 경우가 있다. 이때 동결에 의한 세포 손상을 막기 위해 동결보호제를 사용하는데, 현재 가장 많이 사용되는 동결보호제는 디메틸술폭사이드다. 이 물질은 독성이 높은 것으로 알려져 있다. 특히 줄기세포에 디메틸술폭사이드를 첨가하고 얼렸다가 나중에 해동해서 사용할 때 독성 때문에 줄기세포가 손상을 입은 경우가 종종 발생한다. 하지만 천연의 결빙방지단백질은 그러한 부작용이 없는, 말 그대로 무독성 동결보호제인 셈이다. 이를 활용하려는 연구가 전 세계적으로 활발히 진행 중에 있다.

결빙방지단백질은 독성이 없어 혈액과 장기, 줄기세포를 동결보존하는데 이용가능하다. 또한 얼음의 재결정화를 막아 해동시에 발생할 수 있는 얼음 생성을 막는 효과도 있다.

동결보존의 가장 큰 어려움은 해동이다. 해동을 위해 온도를 높이는 과정에서 세포 내부의 작은 얼음 결정들이 한데 모이는 현상(재결정화) 이 일어나고 이로 인해 세포 내에 커다란 얼음이 생성되고, 세포가 물리적으로 손상을 입어 사멸되거나 터지기도 한다. 이 때문에 냉동 보존된 세포나 조직의 회수율이 좋지 못한 상황이다. 결빙방지단백질은 얼음 재결정화를 억제하기 때문에 세포에 가해지는 치명적인 손상을 줄이거나 없앨 수 있다. 그에 반해 디메틸술폭사이드는 얼음 재결정화를 억제하지 못한다. 디메틸술폭사이드는 얼음과 직접 결합하는 것이 아니기 때문이다. 얼음과 직접적으로 결합하는 화학물질은 찾기가 쉽지 않을뿐더러, 얼음과 결합한다고 하더라고 독성 문제에서 자유롭지 못할 가능성이 크다. 결빙방지단백질은 무독성인 동시에 얼음 재결정화를 막아주니 동결보존 분야에 활용하기에 딱 좋은 물질이다(표 4-2).

하지만 안타깝게도 결빙방지단백질의 활용에 걸림돌이 있다. 그

	화학 동결보호제	결빙방지단백질
얼음 결합	×	○
양 의존적	○	×
얼음 형성	지연	억제
사용량	다량	소량
세포 독성	○	×

표 4-2 결빙방지단백질과 화학 동결보호제의 특성을 비교했다.

중 하나가 대량생산이 쉽지 않다는 점이다. 상용화하려면 일단 물질을 손쉽게 대량 확보할 수 있어야 하고, 또 가격이 적절해야 한다. 결빙방지단백질을 얻는 가장 일반적인 방법은 물고기의 혈액에서 추출하는 것인데, 이에는 한계가 있다. 물고기 혈액에 존재하는 단백질의 양이 적기 때문에 많은 양을 확보하려면 수십 톤의 물고기가 필요하다. 지속가능한 방법이라고 할 수 없다. 그리고 이렇게 얻은 단백질은 당연히 엄청나게 비쌀 수 밖에 없다.

실제 물고기에서 추출한 결빙방지단백질은 상당히 비싸기 때문에 상용화되기는 쉽지 않아 보인다. 현재는 대부분 연구용으로만 활용되고 있는 실정이다. 물고기 I형 결빙방지단백질은 그램당 1000만원 가량 되며 많은 양을 확보하기가 무척 어렵다. 이 단백질은 고가지만 수율이 너무 낮다. 반면 III형 결빙방지단백질은 생산

머지않은 장래에 우리가 찾고 개발한 결빙방지단백질이
우리 삶의 질을 향상시키는데 기여할 수 있을 것이다.

수율은 리터당 100밀리그램이지만 이 정도의 수율로는 대량생산을 하기가 쉽지 않다. 또한 현재 판매하는 곳도 거의 없다. 물고기의 결빙방지단백질을 생산하는 에이에프 프로틴A/F Protein 에서도 생산이 어려워 주문이 이월되기 십상이다. 그만큼 물고기에서 얻을 수 있는 결빙방지단백질은 그 양이 미미하다고 할 수 있다.

또 한가지 걸림돌은 물고기의 결빙방지단백질은 얼음을 육각쌍뿔 모양으로 만든다는 점이다(그림 4-17 참조). 뾰족한 바늘 모양의 가느다란 얼음 결정은 동결보존시에 세포를 찔러 죽일 수 있다. 이런 특성으로 물고기의 결빙방지단백질은 동결보존에 적합하지 않다고 여겨지고 있다. 물고기의 I 형 결빙방지단백질을 리터당 1.5그램 이상을 넣고 적혈구를 동결보존하면 그보다 적게 넣었을 때보다 오히려 더 많은 적혈구 세포가 터지는 것을 관찰할 수 있다. 그것은 결빙방지단백질이 만드는 바늘 모양의 얼음이 세포에 더 많은 손상을 가하기 때문이다. 오히려 물고기 단백질의 이런 특성을 이용해 저온 수술에 활용한 사례가 있다. 암세포를 저온에서 얼렸다녹였다를 반복하면서 수술하는 방법인데, 이 때 결빙방지단백질을 일정량 이상 넣어주면 단백질이 얼음을 날카로운 바늘처럼 만들어 암세포를 터트려 죽일 수 있다. 이런 예외적인 사례도 있지만, 일반적으로 물고기 결빙방지단백질의 활용에는 뚜렷한 한계가 있어 보인다.

이에 반해 곤충의 결빙방지단백질을 비롯한 고활성 결빙방지단백질과 극지연구소 팀이 발견한 결빙방지단백질은 날카로운 얼음을 만들지 않기 때문에 혈액, 줄기세포, 제대혈 등 고부가가치의 생명자원을 안전하게 보관하는데 안성맞춤이다. 물고기의 결빙방지단백질보다 활용도 면에서 우수하다고 할 수 있다. 2005년에는 남극의 해빙 규조인 나비큘라에서 분리한 결빙방지단백질로 혈액의 냉동보관에 성공했고, 2013년에는 북극 효모에서 발견한 결빙방지단백질을 적혈구의 동결보존에 활용한 결과, 동결보존 효율을 70퍼센트 이상 높일 수 있다는 결과를 얻었다. 동결한 적혈구를 해동 후 용혈 정도를 측정했을 때, 북극 효모의 결빙방지단백질을 사용할 경우 최대 4배 가까이 용혈이 감소했다. 용혈이 감소한다는 것은 적혈구가 적게 터진다는 것을 말한다. 또한 전체적인 회수율도 4배나 증가하였다.

규조는 세포 고유의 특성상 동결보존 자체가 쉽지 않다. 그런데 극지 결빙방지단백질을 사용하여 규조를 동결보존하였더니, 해동 후 규조의 50퍼센트 이상이 다시 살아나는 놀라운 결과를 얻을 수 있었다. 규조는 그 이름에서도 알 수 있듯이 지각 성분 중 두 번째로 많은 규소로 세포벽을 만든다. 유리와 같은 성분이다. 조금 과장해서 말하면 유리성에 사는 생물이라고 할 수 있다. 규조를 섭씨 -80~-196도의 초저온에서 동결보존한 후 해동하면 규소 성분의 세포벽이 쉽게 깨져 대부분 사멸한다. 그래서 규조는 동결에 의한 장기 보관이 힘들어 배양을 통해 균주로 보존한다. 하지만 이런 방법은 2~3주에 한번씩 새로운 배지로 균을 옮겨주어야 하기 때문에 인력과 비용이 많이 든다. 규조의 동결보존이 가능하다면 시간과 돈을 절약할 수 있는 것이다. 앞에서 말한 것처럼 북극 효모의 결빙방지단백질을 활용하여 동결보호와 해동 실험을 한 결과 생존율이 놀라울 정도로 증가하였다. 이는 결빙방지단백질이 얼음의 피해를 최소화한 것으로 생각되지만, 구체적인 증거는 추가 실험을 수행해야 알 수 있다. 어쨌든 결빙방지단백질은 분명 천연 동결보호 물질로 활용할 수 있지만 대량으로 얻기가 쉽지 않다는 제약이 있다.

우리나라 극지연구팀이 발견한 결빙방지단백질은 물고기뿐 아니라, 유사한 효능과 구조를 가진 곤충의 단백질과 비교해도 우위에 있다. 바로 대량생산이 가능한 유일한 "동결보호적합" 결빙방지단백질이기 때문이다.

결빙방지단백질의 반전

에이스 호수는 남극에 있는 얼음으로 덮인 염수호다. 그곳에서 발견한 마리노모나스 속 미생물인 마리노모나스 프리모라이엔시스에도 결빙방지단백질이 존재한다는 것이 밝혀졌다. 이 단백질은 다른 단백질보다 훨씬 크고(약 100배로 1.5 메가달톤) 결빙방지 활성이 있었다. 이 단백질에는 반복되는 구간이 두 군데가 있다. 4번 영역에서는 19개의 아미노산이 13번 반복되는데 이 구간이 베타 나선 구조를 하고 있어 얼음결합부위로 보인다. 이 부분은 단백질의 2퍼센트 밖에 안 되는 극히 작은 부분이다.

그런데 재미있는 것은 이 단백질이 박테리아의 표면에 위치하고 있다는 점이다. 그래서 얼음 물고기와 같은 천연 재료에서 우리가 원하는 결빙방지단백질을 대량으로 확보하기 어려울 경우, 유전자 재조합 기술을 이용한 생물공학적 방법이 대안이 될 수 있다. 특정 물질을 생산하는 유전자를 대량배양이 가능하고, 조작하기 쉬운 생물, 이를 테면 대장균이나 효모, 혹은 동물세포의 유전자에 끼워 넣어 생산하는 방법이다.

최근 저자의 연구팀은 극지 효모, 박테리아, 규조, 녹조 등 20여 종의 극지생물에서 결빙방지단백질 유전자를 찾아내는 데 성공했다. 차세대 유전자염기서열 분석시스템인 NGS Next generation sequencing 덕분이다. 또한 이 기술을 활용하여 극지 효모와 녹조, 박테리아, 규조 등의 게놈 분석도 마쳤다.

그리고 이렇게 확보한 극지 결빙방지단백질 유전자를 재조합 기술을 사용하여 메탄올을 이용하는 중온성 효모의 유전자에 끼워 넣는데 성공했다. 북극 효모는 저온이 성장 최적온도여서 천천히 자랄 뿐 아니라, 단백질 생산량도 그리 많지 않으므로 대량생산에

결정에 직접 결합할 수 있기 때문에 얼음에 박테리아를 붙잡아 두는 역할을 하지 않을까 짐작하고 있다. 많이 알려진 결빙방지단백질이 체액에 얼음이 생기지 못하게 하거나 얼음의 성상을 지연시키는 역할을 한다면 이 박테리아의 단백질은 상당히 다른 역할을 하는 셈이다. 얼음에 결합하는 것이 박테리아에게 어떤 이익이 되는지 자세히 알려져 있지는 않지만, 얼음에 부착해 있으므로 표층에 더 가까이 위치할 수 있어 산소나 영양분이 보다 풍부한 곳에 있으려는 게 아닌가 여겨진다.

는 적합하지 않다. 또한 배양을 위해 저온의 냉장상태를 유지해야 하므로 유지비가 많이 들어간다. 그래서 대량생산 공정에 다른 중온성 효모를 이용하려는 것이다. 즉 이 중온성 효모가 북극 효모의 결빙방지단백질을 대신 생산해 주는 것이다.

그 결과 결빙방지단백질을 리터당 약 10그램 정도로 대량생산할 수 있는 공정을 개발할 수 있었다. 지금까지 시도된 다른 결빙방지단백질에 비해 60배에서 최대 100배 이상 높은, 놀라운 수율이라 할 수 있다. 대량생산으로 실제 가격도 그램당 1000만원에서 20만원 수준으로 크게 낮출 수 있었다. 이 대량생산 기술은 국내뿐 아니라 해외에도 특허를 출원하여 등록을 기다리고 있다. 이렇게 대량생산된 결빙방지단백질을 이용하여 앞서 소개한 규조를 비롯하여 혈액과 줄기세포 및 각종 세포의 동결보존에 활용할 수 있는 길이 열릴 것으로 생각된다. 또 극지 효모의 결빙방지단백질은 화장품 원료로 ICIDInternational Cosmetic Ingredient Dictionary에 원재료로 등록되어 특수 화장품 등을 생산하는데 활용될 것으로도 예상된다.

상업적 측면에서는 아직 걸음마 단계지만 결빙방지단백질 관련 기업이 속속 등장하고 있다. 대표적 결빙방지단백질 관련 기업으로는 프로토키네틱스ProtoKinetix, 아이스바이오테크IceBiotech, 에이에프 프로틴, 니치레이Nichirei Corporation 등이 있다. 대부분 벤처 기업으로 운영이 되고 있다. 프로토키네틱스는 결빙방지 당단백질의 일부에 불소와 같은 다른 원소를 치환하여 당단백질 유도체를 개발해, 동결보호제로 활용하거나 줄기세포와 제대혈의 보존에 활용하려는 연구를 진행 중이다. 에스키모Eskimo™, 유니레버, 하겐다즈, 에디스Edy's 등은 아이스크림과 요구르트에 결빙방지단백질을 첨가한 상품을 개발, 판매 하고 있다. 에이에프 프로틴은 물고기의 혈액에서 결빙방지단백질을 추출하여 판매하는 수준에 그치고 있다. 에이에프 프로틴의 자회사인 아쿠아바운티 테크놀로지Aqua Bounty Technologies, Inc.는 결빙방지단백질의 생산을 조절하는 스위치 역할 유전자를 연어 유전체에 삽입한 유전자변형 연어를 개발하여 양식에 활용하고 있다. 연어의 성장호르몬이 저온에서도 분비되도록 하기 위해 연어 성장호르몬 유전자의 스위치 역할 유전자를 결빙방지단백질의 스위치 역할 유전자로 바꾸면 저온에서도 성장호르몬이 생산되어 자연산 연어보다 성장이 더 빨라지게 된다. 육지의 양식장에서 자란 이런 형질전환 연어는 연안 지역의 환경에 미치는 영향을 최소화할 수 있고, 자연산 물고기에 의한 질병 감염 위험을 줄일 수 있으며, 적은 사료로 더 많은 물고기를 기를 수 있는 장점이 있다. 아이스바이오테크는 냉해방지를 위한 형질전환 콩과 커피 개발에 박차를 가하고 있다. 화장품 회사인 트리케이Tri-K는 피부보호크림의 재료로 결빙방지단백질과 유사한 추출물을 활용하고 있다. 일본 기업인 니치레이는 물고기로부터 결빙방지단백질을 추출하여 식품 첨가제로 활용하려는 연구를 진행 중에 있다. 이 외에도 결빙방지단백질의 미래 시장 규모는 어마어마하다. 지난 20여 년간의 꾸준한 지원으로 우리나라의 극지 결빙방지단백질 연구는 세계적 수준에 이르렀다. 머지않은 장래에 우리의 결빙방지단백질이 우리 삶의 질을 향상시키는데 기여할 수 있을 것으로 생각한다.

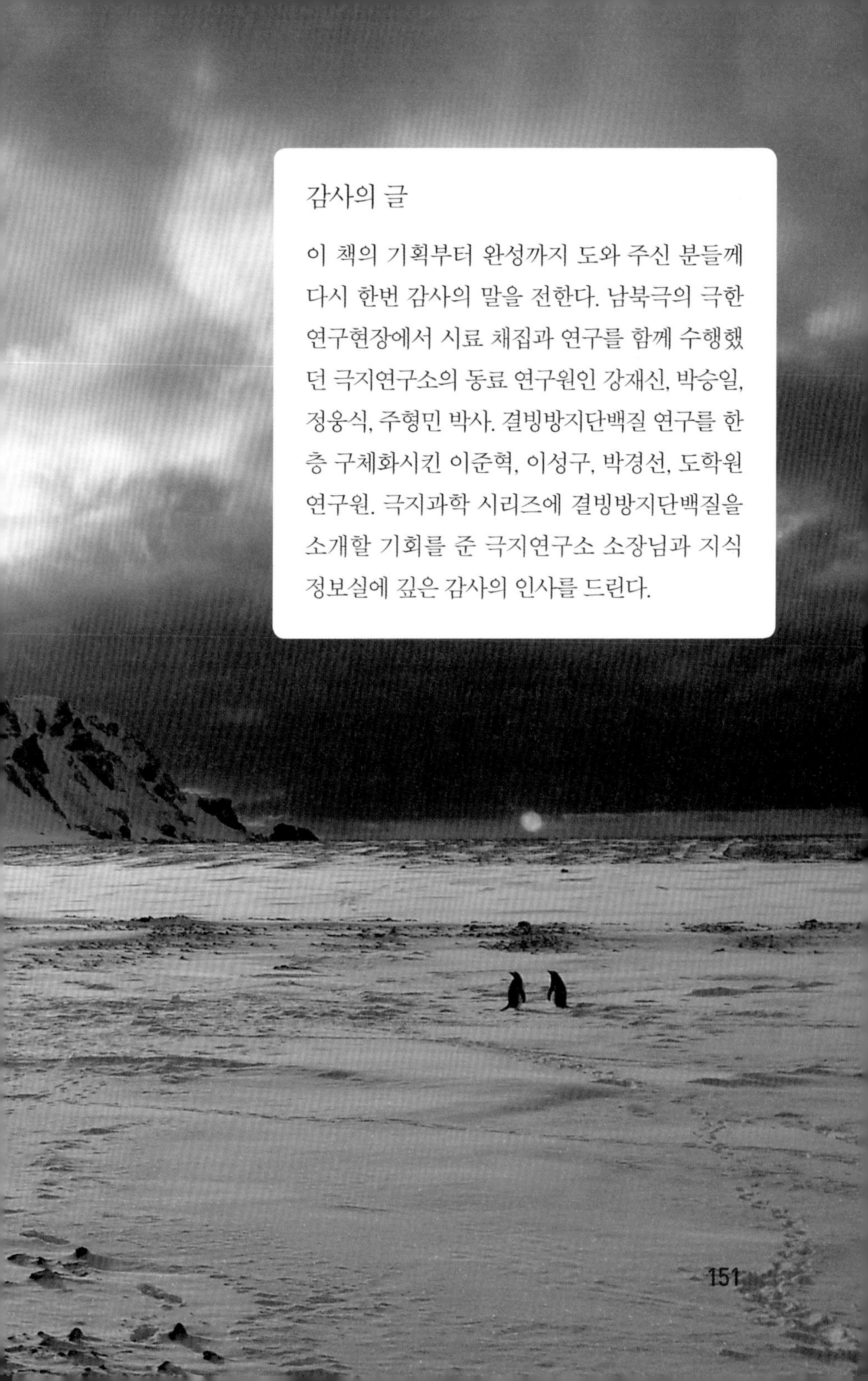

감사의 글

이 책의 기획부터 완성까지 도와 주신 분들께 다시 한번 감사의 말을 전한다. 남북극의 극한 연구현장에서 시료 채집과 연구를 함께 수행했던 극지연구소의 동료 연구원인 강재신, 박승일, 정웅식, 주형민 박사. 결빙방지단백질 연구를 한층 구체화시킨 이준혁, 이성구, 박경선, 도학원 연구원. 극지과학 시리즈에 결빙방지단백질을 소개할 기회를 준 극지연구소 소장님과 지식정보실에 깊은 감사의 인사를 드린다.

1장

◉ 달톤Dalton

원자의 질량을 측정하는 단위로, 주로 단백질과 같은 고분자 물질의 질량을 표시할 때 사용된다. 탄소 원자 한 개의 질량을 12달톤으로 정의한다. Da라는 기호를 사용한다.

◉ 육방정계hexagonal system

한 평면상에서 서로 60°로 교차하는 3개의 수평축, 그리고 이들과 직교하면서 길이가 다른 수직축을 가진 결정계를 말한다. 육방정계는 정육각형을 밑면으로 하는 프리즘과 같은 모양이다.

육방정계 구조의 얼음을 Ih라 표기한다. 육각형hexagonal 얼음Ice라는 의미다.

◉ 과냉각過冷却, supercooling

액체나 기체의 온도를 고체가 되는 일 없이 어는점 아래로 낮추는 과정이나 상태를 가리킨다. 즉 0℃ 밑으로 온도를 내려도 물이 얼지 않고 유지된다면 이 물은 과냉각된 상태이다.

◉ 얼음 핵ice nucleus

대기에서 얼음 결정이 생성하는 핵으로 작용하는 입자. 먼지, 숯, 유기물질, 박테리아, 꽃가루, 곰팡이 스포아, 화산재 등

◉ 단일 결정single crystal

전체 시료의 결정 격자가 연속적이며 가장자리까지도 깨지지 않은 고체 물질 하나의 개체 전체에 걸쳐 결정의 격자구조가 유지되고 있는 것.

◉ 단결정질monocrystalline

원자가 배열되어 있는 방향이 균일한 물질

◉ **다결정질**polycrystalline

원자가 규칙적으로 배열되어 있으나 배열 방향이 서로 다른 여러 부분으로 구성되어 있는 물질

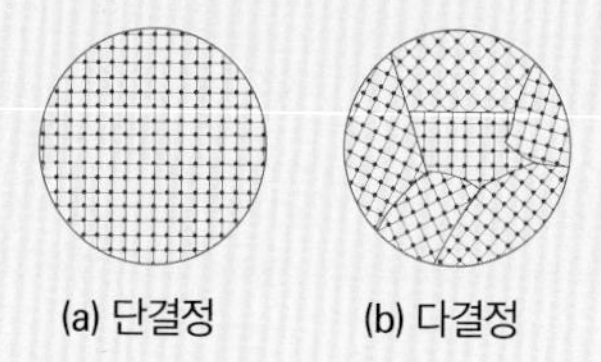

(a) 단결정 (b) 다결정

◉ **세포외 다당류**

세포외 다당류는 주로 고분자로 탄소 뼈대를 가진 다당류로 이루어진 복잡한 유기물이다. 주로 육탄당, 오탄당이 주 구성성분이다.

◉ **다당류**polysaccharide

10개 이상의 단당이 연결된 사슬 형태의 탄수화물계 고분자이다.

◉ **소수성**hydrophobic

물에 대해 친화력이 없는 성질, 바꾸어 말하면 물과는 혼합되지 않는 성질, 분자나 고체 표면의 물 분자와 결합하기 어려운 성질, 또는 물을 받아들이지 않고 겉도는 성질을 가리키는 용어이다. 소수성 물질은 일반적으로 기름과는 잘 섞이는 것이 많다.

◉ **전기음성도**electronegativity

어떤 원자가 화합물을 구성할 때, 결합에 참여한 전자를 원자 자신 쪽으로 얼마나 강하게 끌어당기는지 여부를 나타낸다. 화학결합에서 전하분포를 정의하기 위해 라이러스 폴링이 도입했다. 주기율표에서 같은 주기에서는 7족 원소가 전기음성도가 가장 크고, 1족 원소가 가장 작다. 결합에 참여한 원소들의 전기음성도 차이가 클수록 화합물은 전기적 극성을 강하게 띤다.

◉ **친수성**hydrophilic

물과 같은 극성물질과 상호작용하여 끌리거나 녹는 성질을 말한다. 친수성 고분자화합물인 단백질이나 계면활성제의 미셀 콜로이드 등이 그런 물질이다.

◉ **용매**solvent

일반적으로 용매는 액체인 경우가 대부분이며, 액체와 액체로 이루어진 용액에서는 둘 중 양이 더 많은 액체를 용매로, 더 적은 액체를 용질로 본다.

많은 화학 반응에서 고체 상태의 반응물을 그대로 반응에 참여 시키지 않고 용매에 녹인 후 진행시킨다. 또 분자량과 같은 물질의 특성을 측정하기 위해서 고체 상태가 아닌 용액 상태가 요구될 때 용매에 녹여 실험한다.

◉ **용질**solute

기체 · 액체 · 고체의 어느 것이라도 좋으며, 예를 들면 소다수에는 이산화탄소(탄산가스), 술에는 알코올, 바닷물에는 소금이 녹아 있는데, 이들은 모두 물을 용매로 하는 용질이다. 한편, 액체에 액체가 녹는 경우는 그 양이 많은 쪽을 용매로 보고, 적은 쪽을 용질로 간주한다. 예를 들어 물과 알코올은 임의의 비율로 혼합하는데, 물의 양이 많을 때는 알코올을 용질이라 하고, 약전藥典 알코올과 같이 96%가 알코올일 때는 물을 용질이라고 한다.

◉ **용액**solution

두 종류 이상의 물질이 고르게 섞여 있는 혼합물이다. 크게는 물질의 상태에 관계없이 서로 다른 물질들이 균일하게 섞여 있으면 용액이라고 할 수 있다. 그러나 일반적으로는 기체, 액체, 고체 상태의 용질이 액체 상태의 용매에 녹아 있는 혼합물을 말한다.

◉ **비열**specific heat

어떤 물질 1g의 온도를 1℃만큼 올리는 데 필요한 열량이다.

◉ ATP

아데노신에 인산기가 3개 달린 유기화합물로 아데노신 삼인산이라고도 한다. 이는 모든 생물의 세포 내 존재하여 에너지대사에 매우 중요한 역할을 한다. 즉, ATP 한 분자가 가수분해를 통해 다량의 에너지를 방출하며 이는 생물활동에 사용된다. 이 때문에 ATP를 에너지원이라고 말한다.

◉ 우점종dominant species

생물 군집에서 군 전체의 성격을 결정하고 그 군을 대표하는 것.

◉ 혈장plasma

혈액 속의 적혈구, 백혈구, 혈소판 등을 제외한 액체성분으로 담황색을 띠는 중성의 액체다. 혈액을 원심분리하거나 응고방지제를 넣어 저온(약 0℃)에 방치하면 위쪽에 생기는 액체다. 혈장의 조성은 물이 약 90%, 혈장단백질이 7~8%이고, 그밖에 지질, 당류, 무기염류와 비단백질성 질소화합물로서 요소, 아미노산, 요산 등이 함유되어 있다.

◉ 분배계수distribution coefficient

일정한 온도와 압력에서 평형 상태에 있는 섞이지 않는 두 상phase에 들어있는 특정 물질의 농도비를 말한다. 이 책에서는 평형을 이룬 얼음(고체)과 물(액체)에서, 각 상에 존재하는 결빙방지단백질의 농도비가 분배계수다.

참고 문헌

1 Priscu, J.C., and B.C. Christner. 2004. Earth's icy biosphere. In *Microbial Diversity and Bioprospecting*, Bull, A.T. (ed.) pp. 130-145. American Society for Microbiology, Washington DC

2 Bidle KD, Lee S, Marchant DR, Falkowski PG. 2007. Fossil genes and microbes in the oldest ice on earth. *Proc Natl Acad Sci USA* 104(33), 13455-60

3 D'Amico S, Collins T, Marx JC, Feller G, Gerday C. 2006. Psychrophilic microorganisms: challenges for life. *EMBO Rep.* 7(4), 385-9.

Rivkina EM, Friedmann EI, McKay CP, Gilichinsky DA. 2000. Metabolic activity of permafrost bacteria below the freezing point. *Appl Environ Microbiol.* 66(8), 3230-3.

Mykytczuk NC, Foote SJ, Omelon CR, Southam G, Greer CW, Whyte LG. 2013. Bacterial growth at -15 °C; molecular insights from the permafrost bacterium Planococcus halocryophilus Or1. *ISME J.* 7(6), 1211-26.

Amato P, Doyle S, Christner BC.2009. Macromolecular synthesis by yeasts under frozen conditions. *Environ Microbiol.* 11(3), 589-96.

Murray AE, Kenig F, Fritsen CH, McKay CP, Cawley KM, Edwards R, Kuhn E, McKnight DM, Ostrom NE, Peng V, Ponce A, Priscu JC, Samarkin V, Townsend AT, Wagh P, Young SA, Yung PT, Doran PT. 2012. Microbial life at -13 °C in the brine of an ice-sealed Antarctic lake. *Proc Natl Acad Sci USA.* 109(50), 20626-31

4 Hanczyc MM, Fujikawa SM, Szostak JW. 2003. Experimental models of primitive cellular compartments: encapsulation, growth, and division. *Science.* 302, 618-622

5 Thomas DN, Sieckmann GS. 2002. Antarctic Sea Ice-a habitat for Extremophiles. *Science.* 295, 641-644.

5'. Jose M. Requena. 2012. *Stress response in microbiology.* Norfolk, UK. Caister Academic Press. P.134.

6 Dias CL, Ala-Nissila T, Wong-ekkabut J, Vattulainen I, Grant M,

Karttunen M. 2010. The hydrophobic effect and its role in cold denaturation. *Cryobiology.* 60, 91-99.

7 DeVries AL. 1969. Freezing resistance in fishes of the Antarctic peninsula. *Antarctic Journal of the United States.* 4, 104-105.

DeVries AL, Komatsu SK, Feeney RE. 1970. Chemical and physical properites of freezing point depressing glycoproteins from Antarctic fishes. *Journal of Biological Chemistry.* 245, 2901-2908.

8 Farrell AP, and Steffensen JF, eds. *Physiology of polar fishes.* Amsterdam, Elsevier, 2005.

9 Raymond JA, De Vries AL. 1977. Adsorption inhibition as a mechanism of freezing resistance in polar fishes. *Proc. Natl. Acad. Sci. USA.* 74, 2589-2593.

10 Knight CA, Cheng CC, DeVries AL. 1991. Adsorption of α-helical antifreeze peptides on specific ice crystal surface planes. *Biophysical J.* 59, 409-418.

11 Wen D, Laursen RA. 1992. A model for binding of an antifreeze polypeptide to ice. *Biophysical J.* 63, 1659-1662.

12 Graether SP, Kuiper MJ, Gagne SM, Walker VK, Jia Z, Sykes BD, Davies PL. 2000. β-helix structure and ice-binding properties of a hyperactive antifreeze protein from an insect. *Nature.* 406, 325-328.

13 Wathen B, Kuiper M, Walker V, Jia Z. 2002. A new model for simulating 3-D crystal growth and its application to the study of antifreeze proteins. *J. Am. Chem. Soc.* 125, 729-737.

14 Lee SG, Lee JH, Kang S-H, and Kim HJ. 2013. Marine Antifreeze Proteins: Types, Functions and Applications. In S.-K. Kim (Ed.), *Marine Proteins and Peptides: Biological Activities and Applications* (pp. 667-694). Chichester, UK, John Wiley & Sons, Ltd.

Kristiansen E, Zachariassen KE. 2005. The mechanism by which fish antifreeze proteins cause thermal hysteresis. *Cryobiology.* 51, 262-280.

그림출처 및 저작권

그림 0-1 http://www.nextnature.net/2012/09/antifreeze-protein-from-fish-blood-keeps-low-fat-ice-cream-rich-and-creamy/

그림 2-2 김준호 외, 《현대생태학》 개정판, 교문사, 2007.

그림 2-3 장순근 외, 《극지와 인간》, 극지연구소. p.165의 그림을 수정.

그림 2-13 Thomas DN, Sieckmann GS. 2002. Antarctic Sea Ice-a habitat for Extremophiles. *Science*. 295, 641-644. 의 그림 2를 수정.

그림 2-14 Marz S. 2010. *Arctic Biodiversity Trends*. pp. 58~61을 다시 그림.

그림 2-15 (a) (b) (c) (d) (f) Arctic Ocean Diversity의 홈페이지(http://www.arcodiv.org/).
(e) http://biodic07.blog97.fc2.com/blog-entry-9.html.
(g) Nordic Microalgae의 홈페이지(http://nordicmicroalgae.org/).

그림 3-1 Nelson and Cox. *Leninger Principles of Biochemistry, 6th ed.* New York, W.H. Freeman and Company, 2013.

그림 4-7 Lee SG, Lee JH, Kang S-H, and Kim HJ. 2013. Marine Antifreeze Proteins: Types, Functions and Applications. In S.-K. Kim (Ed.), *Marine Proteins and Peptides: Biological Activities and Applications* (pp. 667-694). Chichester, UK, John Wiley & Sons, Ltd.의 그림1을 다시 그림.

그림 4-11 (d) Knight CA, Cheng CC, DeVries AL. 1991. Adsorption of α-helical antifreeze peptides on specific ice crystal surface planes. *Biophysical J.* 59, 409-418.

그림 저작권

그림 2-11 Christopher Krembs, Jody Deming, University of Washington. Courtesy of NOAA.

그림 2-12
- (a)(b) 한국해양대학교 최경식.
- (c) 극지연구소 정만기.

그림 3-6 Courtesy of Gillian Dugan.

그림 3-8 Credit : Raymond Borland.

그림 3-10 Courtesy of Gary Klinkhammer.

그림 3-11(b) Courtesy of Aegli Balkwill.

그림 4-1 Courtesy of Arthur DeVries.

그림 4-4 Courtesy of James Raymond.

그림 4-10 Courtesy of Charles Knight.

그림 4-13 Courtesy of Frank D Sönnichsen.

그림 4-16 Courtesy of Peter Davies.

그림 4-19 부경대 김학준.

더 읽으면 좋은 자료들

단행본과 논문

Farrell AP, and Steffensen JF, eds. *Physiology of polar fishes*. Amsterdam, Elsevier, 2005. 극지 물고기의 생리적 특성과 결빙방지단백질을 소개한다.

Ewart KV, Hew CL, eds. *Fish antifreeze proteins*. World Scientific, 2002. 물고기의 결빙방지단백질을 상세히 소개한다. 최신 데이터가 빠져 있다는 단점이 있으나 물고기의 결빙방지단백질을 이해하는데 아주 좋은 책이다.

Margesin R, Schinner F, eds. *Cold-adapted organisms: ecology, physiology, enzymology, and molecular biology*. Berlin, Springer, 1999. 생물의 저온적응에 대한 깊이있는 이해를 원한다면 반드시 볼 필요가 있다.

Margesin R, Schinner F, Marx J, Gerday C, eds. *Psychrophiles: from biodiversity to biotechnology*. Berlin, Springer, 2008. 호냉성 생물의 다양한 서식처와 그 물리적 환경은 물론 적응 메커니즘과 생물공학적 응용까지 폭넓은 주제를 다루고 있다. 호냉성 생물을 일목요연하게 정리하고 있다.

Buzzini P, Margesin R, eds. *Cold-adapted yeasts: biodiversity, adaptation strategies and biotechnological significance*. Berlin, Springer, 2014. 호냉성 생물 중 효모의 저온적응전략과 생물공학적 응용까지 최신 연구성과를 기술한 책으로, 저자도 이 책의 한 장을 썼다.

웹사이트

http://www1.lsbu.ac.uk/water/index2.html 물에 대한 거의 모든 정보를 일목요연하게 정리해 놓았다.

Protein Data Bank(http://www.rcsb.org) 결빙방지단백질의 구조를 찾을 수 있다.

찾아보기

ㄱ

ㄴ

ㄷ

ㄹ

ㅁ

ㅂ

ㅅ

ㅇ

ㅈ

인명

그림으로 보는 극지과학 2
극지과학자가 들려주는 결빙방지단백질 이야기

지 은 이 | 김학준, 강성호

1판 1쇄 인쇄 | 2014년 8월 21일
1판 1쇄 발행 | 2014년 9월 01일

펴 낸 곳 | ㈜지식노마드
펴 낸 이 | 김중현
디 자 인 | design Vita

등록번호 | 제 313-2007-000148호
등록일자 | 2007.7.10
주 소 | 서울특별시 마포구 동교동 204-54 태성빌딩 3층 (121-819)
전 화 | 02-323-1410
팩 스 | 02-6499-1411

이 메 일 | knomad@knomad.co.kr
홈페이지 | http://www.knomad.co.kr

가 격 | 12,000원
ISBN 978-89-93322-66-8 04450
ISBN 978-89-93322-65-1 04450(세트)

영업관리 | (주)북새통
전 화 | 02-338-0117 팩 스 | 02-338-7160~1